绿色建筑与节能工程

李 霞 刘闪闪 李 建 主编

中国原子能出版社

图书在版编目（ＣＩＰ）数据

绿色建筑与节能工程 / 李霞, 刘闪闪, 李建主编
. -- 北京 : 中国原子能出版社, 2020.10（2023.4重印）
ISBN 978-7-5221-0889-6

Ⅰ.①绿… Ⅱ.①李… ②刘… ③李… Ⅲ.①生态建
筑②节能－建筑设计 Ⅳ.①TU-023②TU201.5

中国版本图书馆CIP数据核字(2020)第179847号

绿色建筑与节能工程

出版发行 中国原子能出版社（北京市海淀区阜成路 43 号 100048）

责任编辑 杨晓宇　裴　勘

责任印刷 赵　明

印　　刷 河北文盛印刷有限公司

经　　销 全国新华书店

开　　本 787 毫米 * 960 毫米　1/16

印　　张 14.125

字　　数 237 千字

版　　次 2020 年 10 月第 1 版

印　　次 2023 年 4 月第 2 次印刷

标准书号 ISBN 978-7-5221-0889-6

定　　价 68.00 元

网址：http//www.aep.com.cn　　E-mail:atomep123@126.com
发行电话：010-68452845　　　　版权所有 翻印必究

前言 PREFACE

《绿色建筑与节能工程》主要介绍了绿色建筑基本知识、绿色建筑规划设计、设计方法以及技术路线等，然后阐述了绿色建筑节能设计概论，并紧接着讲述了绿色建筑节能设计。建筑节能工程贯穿整个建筑实体的建造过程，从工程的规划立项、设计、施工和检测过程都在范围之内，缺少任何一个环节的检测都有可能造成能耗的损失和资源浪费。建筑节能的整体及外部环境设计，是在分析建筑周围气候环境条件的基础上，通过选址、规划、外部环境和体型朝向等设计，从而达到节能的目的。由此可见建筑节能设计是建筑节能的重要环节，设计质量不仅直接影响建筑节能的效果，而且有利于从源头上杜绝能源的浪费。

本书共 10 章，主要包括绿色建筑概述，绿色建筑的规划设计，绿色建筑的设计方法，绿色建筑的技术路线，绿色建筑节能设计概论，建筑节能设计要求，建筑围护结构节能设计，采暖、通风与空调节能设计，绿色建筑照明节能设计，绿色建筑其他节能技术。

其特点主要有以下几个方面。

（1）在编写上以培养读者的能力为主线，强调内容的针对性和实用性，体现"以能力为本位"的编写指导思想，突出实用性、应用性。

（2）层次分明，条理清晰，逻辑性强，讲解循序渐进。

（3）知识通俗化、简单化、实用化和专业化；叙述详尽，通俗易懂。

《绿色建筑与节能工程》可供从事土木工程、土建类各专业、建筑学专业、绿色建筑、绿色建筑咨询工程、能源工程、节能工程等相关技术人员使用。也可作为从事建筑节能和工程规划设计人员在设计中的岗位培训教材及教学参考书等。

由于编者水平所限及本书带有一定的探索性，因此本书的体系可能还不尽合理，书中疏漏错误也在所难免，恳请读者和专家批评指正。在此感谢对在本书编写过程中给了帮助的各位同志表示衷心的感谢！

目 录 CONTENTS

第一章
绿色建筑概述

第一节 绿色建筑的概念

一、绿色建筑的基本概念

（一）基本概念

根据国家标准《绿色建筑评价标准》（GB/T 50378—2019）所给的定义，绿色建筑是指在建筑的全寿命周期内，最大限度地节约资源（节能、节地、节水、节材）、保护环境和减少污染，为人们提供健康、适用和高效的使用空间，与自然和谐共生的建筑。

建筑的全寿命周期是指包括建筑的物料生产、规划、设计、施工、运营维护、拆除、回用和处理的全过程。

一方面，由于地域、观念、经济、技术和文化等方面的差异，目前国内外尚没有对绿色建筑的准确定义达成普遍共识。另一方面，由于绿色建筑所践行的是生态文明和科学发展观，其内涵和外延是极其丰富的，而且是随着人类文明进程不断发展，没有穷尽的，因而追寻一个所谓世界公认的绿色建筑概念是没有实际意义的。事实上，和其他许多概念一样，人们可以从不同的时空和不同的角度来理解绿色建筑的本质特征，现实也正是如此。当然，有一些基本的内涵却是举世公认的。

（二）基本内涵

1. 节约环保

节约环保就是要求人们在构建和使用建筑物的全过程中，最大限度地节约资源（节能、节地、节水、节材）、保护环境、呵护生态和减少污染，将人类对建筑物的构建和使用活动所造成的对地球资源与环境的负荷和影响降到最低限度，使之置于生态恢复和再造的能力范围之内。

我们通常把按节能设计标准进行设计和建造，使其在使用过程中降低能耗的建筑称为节能建筑。这就是说，绿色建筑要求同时是节能建筑，但节能建筑不能简单地等同于绿色建筑。

2. 健康舒适

创造健康和舒适的生活与工作环境是人们构建和使用建筑物的基本要求之一，就是要为人们提供一个健康、适用和高效的活动空间。对于经受过非典（SARS）肆虐和甲型 H1N1 流感困扰的人们来说，对拥有一个健康舒适的生存环境的渴望是不言而喻的。

3. 自然和谐

自然和谐就是要求人们在构建和使用建筑物的全过程中，亲近、关爱与呵护人与建筑物所处的自然生态环境，将认识世界、适应世界、关爱世界和改造世界自然和谐地统一起来，做到人、建筑与自然和谐共生。只有这样，才能兼顾与协调经济效益、社会效益和环境效益，才能实现国民经济、人类社会和生态环境又好又快地可持续发展。

由于上述内涵，所以，有人将绿色建筑称之为环保建筑、生态建筑或可持续建筑等。国家标准《绿色建筑评价标准》正是从上述 3 个基本内涵出发，给出了绿色建筑的基本定义。

二、绿色建筑的基本要素

在绿色建筑基本概念的基础上，分析一下绿色建筑包含的基本要素，有利于进一步了解绿色建筑的本质内涵。绿色建筑基本要素大致有以下 8 个方面。

（一）耐久适用

耐久适用性是对绿色建筑最基本的要求之一。耐久性是指在正常运行维护和不需要进行大修的条件下，绿色建筑物的使用寿命满足一定的设计使用年限要求，如不发生严重的风化、老化、衰减、失真、腐蚀和锈蚀等。适用性是指在正常使用条件下，绿色建筑物的功能和工作性能满足于建造时设计年限的使用要求，如不发生影响正常使用的过大变形、过大振幅、过大裂缝、过大衰变、过大失真、过大腐蚀和过大锈蚀等；同时，也适合于一定条件下的改造使用要求，例如，根据市场需要，将自用型办公楼改造为出租型写字楼，将餐厅改造为酒吧或咖啡吧等。

（二）节约环保

节约环保是绿色建筑的基本特征之一。这是一个全方位全过程的节约环保概念，包括用地、用能、用水、用材等的节约与环保，这也是人、建筑与环境生态共存和两型社会建设的基本要求。

（三）健康舒适

健康舒适是随着人类社会的进步和人们对生活品质的不断追求而逐渐为人们所重视的，它是绿色建筑的另一基本特征，其核心是体现"以人为本"的理念。目的是在有限的空间里提供有健康舒适保障的活动环境，全面提高人居生活工作环境品质，满足人们生理、心理、健康和卫生等方面的多种需求，这是一个综合的整体的系统概念。

（四）安全可靠

安全可靠是绿色建筑的另一基本特征，其实质是崇尚生命。所谓安全可靠是指绿色建筑在正常设计、正常施工和正常运用与维护条件下能够经受各种可能出现的作用和环境条件，并对有可能发生的偶然作用和环境异变仍能保持必需的整体稳定性和工作性能，不致发生连续性的倒塌和整体失效。

（五）自然和谐

自然和谐是绿色建筑的又一本质特征。这实际上是中国传统的"天人合一"的唯物辩证法思想和美学特征在建筑和房地产领域里的反映。天人合一构成了世间万物和人类社会中最根本、最核心、最本质的对立统一体。自然和谐同时也是美学的基本特性。只有自然和谐，才有美可言。美就是自然，美就是和谐。绿色建筑就是要求人类的建筑活动顺应自然规律，做到人及其建筑与自然和谐共生。

（六）低耗高效

低耗高效是绿色建筑的基本特征之一。绿色建筑要求建筑物在设计理念、技术采用和运行管理等环节上对低耗高效予以充分的体现和反映，因地制宜和实事求是地使建筑物在采暖、空调、通风、采光、照明、用水等方面在降低需求的同时高效地利用所需资源。

（七）绿色文明

绿色文明实际上就是生态文明。绿色是生态的一种典型表现形式，文明则是实质内容。建设生态文明，基本形成节约能源资源和保护生态环境的产业结构、增长方式、消费模式已经作为我国实现全面建设小康社会奋斗目标的一项国家战略。倡导生态文明建设，不仅对中国自身发展有深远影响，而且也是中华民族面对全球日益严峻的生态环境危机向全世界所做出的庄严承诺。

（八）科技先导

科技先导是绿色建筑的又一基本特征。这也是一个全面、全程和全方位的概念。绿色建筑是建筑节能、建筑环保、建筑智能化和绿色建材等一系列实用高新技术因地制宜、实事求是和经济合理的综合整体化集成。我们对建筑进行绿色化程度的评价，不仅要看它运用了多少科技成果，而且要看它对科技成果的综合应用程度和整体效果。

第二节　绿色建筑的发展历史及现状

一、绿色建筑的形成与发展

绿色建筑的思潮最早起源于 20 世纪 70 年代的两次世界能源危机，当时因为石油恐慌，兴起了建筑界的节能设计运动，同时也引发了"低能源建筑""诱导式太阳能住宅""生态建筑""乡土建筑"的热潮，至今仍为环境设计思潮的主流。

20 世纪 80 年代，随着节能建筑体系逐步完善，建筑室内环境与公共卫生健康问题凸显出来，以健康为中心的建筑环境研究成为发达国家建筑领域研究的新热点。在非典（SARS）肆虐和全球甲型 H1N1 流感蔓延的情况下，健康问题更是人们关注的焦点之一。

1990 年，英国"建筑研究所"（Building Research Establishment，BRE）率先制定了世界上第一个绿色建筑评估体系"建筑研究所环境评估法"（Building Research Establishment Environmental Assessment Method，BREEAM）。

1992 年，在巴西的里约热内卢召开的"联合国环境与发展大会"上国际社会广泛地接受了"可持续发展"的概念，即："既满足当代人的需要，又不对后代人满足其需要的能力构成危害的发展"，并首次提出绿色建筑概念。

1993 年，联合国成立了可持续发展委员会。

1995 年，世界可持续发展工商理事会成立。

1999 年 11 月世界绿色建筑协会在美国成立。

进入 21 世纪后，绿色建筑的内涵和外延更加丰富，绿色建筑理论和实践进一步深入和发展，受到各国的日益重视，在世界范围内形成了蓬勃兴起和迅速发展的态势，这是绿色建筑的蓬勃兴起期。

继英国、我国香港地区、美国、加拿大和我国台湾地区之后，进入日本、德国、澳大利亚、挪威、法国、韩国及中国内地等相继推出了适合于其地域特点的绿色建筑评估体系。至 2009 年，全球的绿色建筑评估体系已达 20 个。

2001 年我国推出《绿色生态住宅小区建设要点与技术导则》《中国生态住宅技术评估手册》等；2002 年，我国举办了以可持续发展为题的世界论坛；2003 年，我国推出《绿色奥运建筑评估体系》；2005 年，我国推出《绿色建筑技术导则》；2006 年 3 月 7 日，我国发布并于 2006 年 6 月 1 日起实施国家标准《绿色建筑评价标准》；2008 年 4 月 14 日，我国绿色建筑评价标识管理办公室成立。

进入 21 世纪以来，在世界绿色建筑革命的浪潮中，尤以我国青藏铁路的建设为世界瞩目的宏大绿色建筑工程建设项目。2001 年 6 月 29 日—2006 年 7 月 1 日，我国建成通车了世界上海拔最高的铁路——青藏铁路，这项宏大的建筑工程成功地解决了生态脆弱、高寒缺氧、多年冻土和狂风侵扰等世界性的建筑难题，使青藏铁路成为一条名副其实的高新科技之路，生态文明之路，绿色环保之路，是新世纪人类历史上最伟大的绿色建筑工程实践的典范。

二、"乡土建筑"与"生态建筑"两大思想脉动

《成长的极限》一书与两次能源危机所带来的冲击，唤起了广泛的环保意识，一些如"地球之友会""绿色和平组织"等跨国环保组织纷纷成立，在建筑思潮上，也激起了两大思想脉动，其一就是"乡土建筑"，其二就是"生态建筑"。

"乡土建筑"的脉动，是因能源危机的冲击而不满于现代建筑一味追求巨型化、设备化、人工化的思潮，并反对国际建筑形式完全不考虑气候风土、地方建材，而产生无个性、无文化的建筑风格。毕竟"节能建筑"的最高境界在于师法自然、顺应风土。许多人发现，自古以来一些生长于各种气候下的乡土民居，有着极高超的自然环境设计智慧，值得现代建筑引以为鉴。

"乡土建筑"的脉动，尤其受到建筑思想大师伯纳德鲁多夫斯基的名著《没有建筑师的建筑》所震撼，使得部分设计者纷纷转向一些没有受到近代文明污染的"原始建筑""传统民居"去追求灵感，去挖掘"地方风格""乡土特色"，而

"乡土民居"的研究也因而蔚然成为风尚。于是，像中国黔东南吊脚楼民居、日本的合掌民居、印度尼西亚长脊短檐的干栏民居等，成为新建筑设计师效仿的对象。由能源危机所连动的"乡土建筑"脉动，不但引发所谓的"地域主义"风格，更赋予新建筑人文关怀，可说是近现代建筑史上最重要的活力源泉。

　　另外，有股所谓的"生态建筑"脉动，乃是对现代机械文明提出严重控诉的环境设计理论。"生态建筑"萌芽于20世纪60年代的生态学，受到生物链、生态共生思想的影响，对过分人工化、设备化环境提出彻底的质疑。"生态建筑"强调使用当地自然建材，尽量不使用近代能源及电化设备，如芝加哥生态建筑。一些采用覆土、温室、蓄热墙、草皮屋顶、风车、太阳能热水器等外形的节能建筑纷纷出现，甚至种植水耕植物、以厨余和动物粪便制造堆肥与沼气、以回收雨水充当家庭用水、以人工湿地处理污水并养鱼等生态技术，均成为"生态建筑"的设计重点。这波"生态建筑"的脉动，正是日后"绿色建筑"的先锋。

第三节　绿色建筑的设计理念、原则

一、绿色建筑设计理念

　　绿色建筑设计是基于整体的绿色化和人性化设计理念所进行的综合整体创新的系统设计，包含着传统建筑的设计理念，是对传统建筑设计理念的吸收、融合与再发展。与传统建筑设计相比，绿色建筑设计具有三个特点：一是在保证建筑物的性能、质量、寿命、成本要求的同时，优先考虑建筑物的环境属性，防止污染，保护环境；二是在整个设计过程中，要充分考虑建筑物所处的地理环境、资源状况等，做到节能、节地、节水、节材，以最佳的消耗换取建筑与环境的和谐共生；三是设计时所考虑的时间跨度大，涉及建筑物的整个生命周期，即从建筑的前期策划、准备阶段、建造施工阶段、建筑物使用直至建筑物报废后对废弃物处置的全寿命周期。

　　有关绿色建筑设计理念和设计原则的著述很多，比较有影响力的观点是

1991 年布兰达和罗伯特·威尔合著的《绿色建筑——为可持续发展而设计》中提出的：设计结合气候、材料与能源的循环利用、尊重用户、尊重基地环境、整体设计观。

另一有影响力的观点是 1995 年西姆·冯·德·莱恩和考沃合写的《生态设计》中提出的五种设计原则和方法：设计成果来自环境、生态开支应为评价标准、设计结合自然、公众参与设计、为自然增辉。

我国学者宗敏在其编著的《绿色建筑设计原理》中提出了"能、节、新、度"的四字基本原则及矛盾分析方法。

（1）"能"字原则是指绿色建筑作为一个有生命周期的社会产品，和其他的社会产品一样，对其功能和性能的要求是最基本的。因此，绿色建筑设计要围绕"能"字做好文章。一个缺乏功能和没有性能的无"能"建筑，不称其为一个真正意义上的社会产品，更谈不上什么绿色建筑了。这也如同我们对人有"能"的要求一样，一个人的能力大小实际上也是一个综合素质高低的表现。

（2）"节"字原则是指我们将绿色建筑放在其全寿命周期内来进行考量和设计的时候，要始终坚持节约的原则，包括节约利用土地，节约利用能源，节约利用水资源，节约利用材料资源和节约运行费用等。以土地为例，面对我国耕地保护的严峻形势，我们要大力推行，尤其是在沿海地区要强力推行紧凑型的城镇、小区和建筑规划设计模式，保护开发土地资源，促进社会经济的可持续发展。十分珍惜、节约与合理利用土地和切实保护耕地是我国的基本国策。各级人民政府应当采取措施，全面规划，严格管理，保护、开发土地资源，制止非法占用土地的行为。

（3）"新"字原则是指我们要尽可能地采用新型实用的科技成果，以科技为先导，以创新的理念和思维方式来进行绿色建筑设计，包括对建筑在运行期内有可能进行的更新改造和采用新技术的可能性的考量，以及为此提供一定的方便、余地和空间等。"新"字原则还体现在实事求是地就具体情况进行具体分析，而不是机械式地、教条般地套用既有的思维定式。

（4）"度"字原则是指我们在进行绿色建筑的综合整体创新设计的时候，要始终坚持适度的原则。任何事物都有保持自己不发生质变的数量界限，这个界限就是度。在一定的度内，数量的增减不会引起事物本质的改变，超过这个度，就会引起事物质的变化。对"度"的把握，实际上就是要求我们坚持一切从实际出发，理论联系实际，按事物的对立统一规律办事，将矛盾的辩证法转化为绿色建筑设计的思维方法和工作方法，运用绿色建筑的矛盾分析方法来指导绿色建筑设计。绿色建筑设计的矛盾分析方法具有十分丰富和深刻的内涵与意义。首先是要坚持两点论和重点论相结合的方法。重点要放在抓住绿色建筑设计的根本矛盾，主要矛盾和矛盾的主要方面，并将其作为解决其他矛盾的出发点。其次是要坚持绿色建筑设计的内因分析法。自身系统是内因，环境是外因。外因是事物变化的条件，内因是事物变化的根据，外因通过内因而起作用。绿色建筑设计中的事物自我运动的源泉和力量来自事物内部的矛盾性。最后是要坚持具体问题具体分析。就是要分析绿色建筑设计中矛盾的共性和个性的辩证关系，这不仅是理解和解决绿色建筑设计中某一具体矛盾的出发点，而且是理论联系实际解决问题的方法论基础。绿色建筑设计的科学认识过程就是一种从个别到一般再到个别循环往复和不断深化的过程。

绿色设计应统筹考虑建筑全寿命周期内，满足建筑功能和节能、节地、节水、节材、保护环境之间的辩证关系，体现经济效益、社会效益和环境效益的统一；应降低建筑行为对自然环境的影响，遵循健康、简约、高效的设计理念，实现人、建筑与自然和谐共生。

二、绿色建筑原则

绿色建筑是传统建筑的发展，因此，绿色建筑设计除满足传统建筑的一般设计原则外，还具有独特的原则，在参照国内外有关绿色建筑设计的理论基础上，结合现代建筑的要求，我们总结出以下几点原则。

（一）"3R" 原则

"3R" 原则即减量化原则（reduce）、再利用原则（reuse）、再循环原则（recycle）的简称。

（1）减量化。它是指减少进入建筑物建造和使用过程的资源消耗量，实现节约资源和减少排放的目的。这一措施在实际中通常能通过节能、节地、节水、节材的设计过程来实现。

（2）再利用。它是指通过设计将建筑物建造和使用过程中所利用的资源和所产生的废物尽可能多次或多种方式地利用。主要通过对生活废水、雨水、建筑材料、建筑构件等的重复利用。

（3）再循环。它是指规划设计中采用各种设计原理和方法使建筑物各系统在能量利用、物质消耗、信息传递及分解污染物等方面能形成一个卓有成效的相对闭合的循环网络。这样既对设计区域外部环境不产生污染，周围环境的有害干扰也不易入侵设计区域内部，包括在选用资源时需考虑其再生能力，尽可能利用可再生资源；所消耗的能量、原料及废料能循环利用或自行消化分解。

（二）"以人为本"原则

建筑的首要功能是满足人的居住条件。因此，绿色建筑设计首先应当从居住者的角度出发，以提高居住舒适度为原则，不仅要考虑居住者对建筑物整体功能的使用，还要满足其对建筑物精神功能的需求。

（三）"立足实际、因地制宜"原则

绿色建筑是与周边环境共生的建筑，是人与自然有机和谐的统一体。不同的地区由于自然条件、建筑模式和文化内涵的不同而产生了一定的差异，因此，绿色建筑设计要按照立足实际、因地制宜，在运用先进技术的同时，要考虑当地的气候特征、生态环境、建筑风格、社会人文条件等综合因素，充分利用场地周边的自然条件和地形、地貌、植被、自然水系，保持历史文化与景观的连续性，保证建筑规模与周围环境保持相协调，尽可能减少对自然环境的负面影响，减少对生态环境的破坏。

（四）"兼收并蓄、去伪存真"原则

绿色建筑核心内容是尽量减少资源消耗，实现资源高效循环利用，保护环境，维持建筑与生态平衡。其方法是通过合理的选址、规划与设计，采用有利于提高居住品质的新技术、新材料，充分利用光照、通风、雨水等自然因素，结合地理特征与当地资源建造适合周边环境的建筑。

（五）整合设计原则

绿色设计强调各专业之间的联系和沟通，将共享、平衡、集成的理念贯穿于设计始终，规划、建筑、结构、给水排水、暖通空调、燃气电气与智能化、室内设计、景观、经济等各专业紧密配合，设计目的通过多学科、多领域协同合作才能实现。使建筑物的业主、经营者、建筑师、规划师、工程师和承包商等所有学科的人员一起讨论项目的目标和要求，并对每一个设计元素进行审查，以确认它符合原始目标和业主意图。这样，项目团队得以更优化、更深层次地集成和协作去解决问题。

第四节 绿色建筑的设计要求及技术设计内容

绿色建筑设计的依据包括建筑设计的法律法规、建筑标准及国家相关方针政策。绿色建筑的设计程序一般包括项目方案前期准备阶段、方案设计阶段、初步设计阶段、施工图设计阶段、施工工程中设计调整阶段。另外，完整的绿色设计还应包括设计成果的评价及建成后的评价，它是绿色建筑设计最为关键的一个阶段，它体现了对建筑产品绿色化品质程度的权威认可。有关设计评价准则有：

（1）输入准则：用于设计系统的能量和材料的数量，能量和材料的有效性，输入物质的生态影响。

（2）输出准则：被设计系统输入物质的容许量，被排出物质各自所采取的线路和它们的生态影响，输出物质管理的能量与材料消耗，输出物质管理的生态系统影响结果。

（3）系统评价标准：系统评价标准需要和使用模式限度，系统运作的有效性，系统运作的内部限度，被设计系统的生态现实影响。

一、绿色设计策划

绿色设计策划是设计程序中的最初阶段。通常业主将绿色建筑设计项目委托给设计单位后，由建筑师组织协助业主进行此方面的现场调查研究工作。绿色设计策划宜采用团队合作的工作模式，明确绿色建筑的项目定位、建设目标及对应的技术策略、增量成本与效益，并编制绿色设计策划书。绿色设计策划应包括：前期调研、项目定位与目标分析、绿色设计方案、技术经济可行性分析等。

二、方案设计阶段

根据业主要求和项目情况，建筑师要构思出多个设计方案草图提供给业主，针对每个设计方案的优缺点、可行性和绿色建筑性能与业主反复商讨，最终确定某个既能满足业主要求又符合建筑法规相关规定的设计方案，并通过建筑 CAD

制图、建筑效果图和建筑模型等表现手段，提供给业主设计成果图（方案设计图）。业主再把方案设计图和资料呈报给当地的城市规划管理局、消防局等有关部门进行审批确认（方案设计报批程序）。按照要求，方案设计文件应满足编制初步设计文件的需要；对于投标方案，设计文件深度应满足标书要求。

三、初步设计阶段

方案设计图经过有关部门的审查通过后，建筑师根据审批的意见建议和业主新的要求条件，参考《绿色建筑评价标准》中的相关内容，需对方案设计的内容进行相关的修改和调整，同时着手组织各技术专业的设计配合工作。在项目设计组安排就绪后，建筑师同各专业的设计师对设计技术方面的内容进行反复探讨和研究，并在相互提供各专业的技术设计要求和条件后，进行初步设计的制图工作（初步设计图）。

绿色建筑初步设计文件主要包括：设计说明书（包括设计总说明，各专业设计说明），有关专业的设计图纸，工程概算书。

（一）初步设计建筑说明书

初步设计说明书要求有以下几点。

（1）工程设计的主要依据。国家政策、法规、政府有关主管部门的批文、可行性研究报告、立项文件等文号或名称，工程所在地区的气象、地理条件、建设场地的工程地质条件，公用设施和交通运输条件，规划、用地、环保、卫生、绿化、消防、人防、抗震等要求和依据资料，建设单位提供的有关使用要求或生产工艺等资料。

（2）设计指导思想和设计特点。采用新技术、新材料、新设备和新结构的情况，环境保护、防火安全、交通组织、用地分配、节能、安保、人防设置以及抗震设防等主要设计原则。根据使用功能要求，还应对总体布局和选用标准进行综合叙述。

（3）绿色建筑工程建设的规模和设计范围。工程的设计规模及项目组成，分期建设情况，承担的设计范围与分工。

（4）总指标。包括总用地面积、总建筑面积以及其他相关技术经济指标。

（二）总平面要求

在初步设计阶段，绿色建筑总平面专业的设计文件应包括设计说明书、设计图纸、根据合同约定的鸟瞰图或模型等。总平面专业设计说明书应包括以下内容。

（1）设计依据及基础资料。摘述方案设计依据资料及批示中与本专业有关的主要内容；有关主管部门对本工程批示的规划许可技术条件，以及对总平面布局、周围环境、空间处理、交通组织、环境保护、文物保护分期建设等方面的特殊要求；本工程地形图所采用的坐标、高程系统。

（2）场地概述。应说明场地所在地的名称及在城市中的位置；概述场地地形地貌；描述场地内原有建筑物、构筑物，以及保留和拆除的情况；摘述与总平面设计有关的自然因素。

（3）总平面布置。说明如何因地制宜，根据地形、地质、日照、通风、防火、卫生、交通以及环境保护等要求布置建筑物、构筑物，使其满足使用功能、城市规划要求以及技术经济合理性；说明功能分区原则、远近期结合的意图、发展用地的考虑；说明室外空间的组织及其与四周环境的关系；说明环境景观设计和绿地布置等。

（4）竖向设计。说明竖向设计的依据，竖向布置方式，地表雨水的排除方式等；根据需要还应注明初平土方工程量。

（5）交通组织。说明人流和车流的组织，出入口、停车场（库）的布置及停车数量的确定；消防车道及高层建筑消防扑救场地的布置；说明道路的主要设计技术条件。

（三）初步设计建筑总平面图

设计图纸应包括的内容有：总平面图，各层平面图和立面、剖面图，特殊部位的构造节点大样图，结构、给排水、暖通、强弱电、消防、煤气等专业的平面布置图和技术系统图，各专业的初步设计说明书，根据需要绘制区域位置分析图。

（1）总平面图。总平面图设计要求有：保留的地形和地物；测绘坐标图、坐标值，场地范围的测量坐标，道路红线、建筑红线或用地界线；场地四邻原有及规划道路的位置和主要建筑物及构筑物的位置、名称、层数、建筑间距；建筑物、构筑物的位置，其中主要建筑物、构筑物应标注坐标、名称及层数；道路、广场的主要坐标，停车场及停车位、消防车道及高层建筑消防扑救场地的布置，必要时加绘交通流线示意；绿化、景观及休闲设施的布置示意；指北针或风玫瑰图；主要技术经济指标表、说明。

（2）竖向布置图。竖向布置图设计要求有：场地范围的测量坐标值；场地四邻的道路、地面、水面，及其关键性标高；保留的地形、地物；建筑物、构筑物的名称，主要建筑物和构筑物的室内外设计标高；主要道路、广场的起点，变坡点、转折点和终点的设计标高，以及场地的控制性标高；用箭头或等高线表示地面坡向，并表示出护坡、挡土墙、排水沟等；指北针；说明。

（3）其他相关具体要求。为保障绿色建筑设计方案的深度，除总体层面的各项要求之外，初步设计阶段的方案成果还应包含以下具体内容：建筑专业设计文件、结构专业设计文件、建筑电气专业设计文件、给水排水专业设计文件、采暖通风与空气调节专业设计文件、热能动力专业设计文件。

（四）建设工程的概算书

对于大型和复杂的建筑工程项目，初步设计完成后，在进入下阶段的设计工作之前，需要进行技术设计工作（技术设计阶段）。对于大部分的建筑工程项目，初步设计还需再次呈报当地的城市规划国土局和消防局等有关部门进行审批确认（初步设计报批程序）。在中国标准的建筑设计程序中，阶段性的审查报批是不可缺少的重要环节，如审批未通过或在设计图中仍存在着技术问题，设计单位将无法进入下阶段的设计工作。

四、施工图设计阶段

根据初步设计的审查意见建议和业主新的要求条件，设计单位的设计人员对初步设计的内容需要进行修改和调整，在设计原则和设计技术等方面，如各专业间基本没有太大问题，就要着手准备进行详细的实施设计工作，也就是施工图的设计。施工图设计阶段一般要求有以下几个方面。

（一）施工图设计阶段包括的文件

施工图设计阶段包括的文件有：合同要求所涉及的所有专业的设计图纸以及图纸总封面；对于涉及建筑节能设计的专业，其设计说明应有建筑节能设计的专项内容；合同要求的工程预算书；对于方案设计后直接进入施工图设计的项目；若合同未要求编制工程预算书，施工图设计文件应包括工程概算书；各专业计算书，计算书不属于必须交付的设计文件，但应按本规定相关条款的要求编制并归档保存。具体包括：

（1）建筑施工图设计说明书、材料做法表和经济技术指标，建筑总平面图和绿化庭院配置设计图（含总图专业的竖向设计和管线综合设计），各层平面图、立面图和剖面图，节点大样图和局部平面详图，单元平面详图和特殊部位详图，建筑门窗立面图和门窗表。

（2）结构设计施工图设计说明和施工构造做法，结构设计计算书，结构设计施工详图。

（3）给排水、暖通设计施工图，给排水、暖通施工图设计说明和设备明细表，给排水、暖通施工图设计的计算书，给排水、暖通施工设计系统图，消防煤气等特殊专业的施工设计系统图。

（4）强弱电设计施工图，强弱电施工图设计说明和设备明细表，强弱电施工图设计计算书，强弱电施工设计系统图，智能化管理系统和消防安全等专业施工设计系统图。

总封面标志内容应包括：项目名称，设计单位名称，项目的设计编号，设计阶段，编制单位法定代表人、技术总负责人和项目总负责人的姓名及其签字或授权盖章，设计日期（设计文件交付日期）。

（二）总平面要求

绿色建筑在施工图设计阶段，总平面专业设计文件应包括图纸目录、设计说明、设计图纸、计算书等内容。图纸目录应先列出新绘制的图纸，然后列出选用的标准图和重复利用图。一般工程的设计说明分别写在有关图纸上。总平面设计内容包括：总平面图；竖向布置图；土方图；管道综合图；绿化及建筑小品布置图；道路横断面、路面结构、挡土墙、护坡、排水沟、池壁广场、运动场地、活动场地、停车场地面等详图；供内部使用的计算书。

（三）相关具体要求

在绿色建筑设计方案中，施工图的内容、深度、质量直接关系到建筑的"绿色化"水平，同时也是能直接指导绿色建筑施工的各类图纸。除总体层面的各项要求之外，施工图设计阶段的方案成果还应包含以下具体内容：建筑专业设计文件；结构专业设计文件；建筑电气专业设计文件；给水排水专业设计文件；采暖通风与空气调节专业设计文件；热能动力专业设计文件；投资预算。

（四）建设工程的预算书

各专业的施工图设计完成后，业主再次呈报给当地的城市规划国土局和消防局等有关部门进行审查报批（施工图设计报批程序），获得通过并取得施工许可证资格后，开始着手组织施工单位的投标工作，中标的施工单位才可进入现场进行施工前的准备。

五、施工工程中设计调整阶段

在施工的准备过程中，建筑师和各专业设计师首先要向施工单位对施工设计图、施工要求和构造做法进行交底说明。然后根据施工的技术方法和特点，有时施工单位对设计会提出合理化的建议和意见，设计单位就要对施工图的设计内容进行局部的调整和修改，通常采用现场变更单的方式来解决图纸中设计不完善的问题。

六、绿色建筑设计评价阶段

绿色建筑设计评价是采用科学方法，按照工程项目评价及绿色建筑评价原则，用一个或一组主要指标对设计方案的项目功能、造价、工期和设备、材料、人工消耗等方面进行定量与定性分析相结合的综合评价，从而择优确定技术经济效果好的设计方案。依照国家建设法规的相关规定，建筑施工完成后，设计单位的设计人员要同有关管理部门和业主对建筑工程进行竣工验收和检查，获得验收合格后，建筑物方可正式投入使用。在这个阶段，可通过特定的检测方法测得建筑物的各项指标，做出评价，使得设计人员能够得到设计和施工设计中存在的问题，为设计业务积累宝贵经验，完善建筑设计程序的整个过程。

第二章
绿色建筑的规划设计

第一节　中国传统建筑的绿色经验

中国传统建筑在其演化过程中，不断利用并改进建筑材料，丰富建筑形态与营造经验，形成稳定的构造方式和匠艺传承模式。这是人们在掌握当时当地自然条件特点的基础上，在长期的实践中依据自然规律和基本原理总结出来的，有其合理的生态经验、理念与技术。面对当今社会的现代化进程与人类对自然生态环境的回归愿望，传统民居中所固有的绿色建筑经验迫切需要进行研究、借鉴与转化，以便在特定的经济环境条件下继承和发扬这些宝贵的建构经验，并将其应用于现代人居环境的建设，从而创造出适于人类可持续发展的绿色人居环境。

一、中国传统建筑中体现的绿色观念

中国传统建筑无论是聚落选址、布局，还是单体构造、空间布置、材料利用等方面，都受到自然环境的影响。"在世界上的任何地方，其地形、气候、文化与住宅或居住的形式之间的深刻关系都不如在中国及日本的建筑体系中，在地盘控制和构造处理等方面所表现的那样完善。"这些传统建筑既体现了当时用当地最经济的材料得到最大的舒适，又体现了人与自然直接而又融洽的和谐关系，并留下了许多宝贵的传统营造技术。

传统营造技术的特点是基本符合生态建筑标准的，通过对"被动式"环境控制措施的运用，在没有现代采暖空调技术、几乎不需要运行能耗的条件下，创造出了健康、相对适宜的室内外物理环境。因此，相对于现代建筑，中国传统建筑（特别是民居）具有一定的生态特性或绿色特性。

中国古代提出的一些朴素的伦理思想，是以"天人合一""天人统一"为哲学基础的。《易经》《管子》、西汉的董仲舒、明代的王阳明等都有相关的论述。古代的生态道德准则，大体是"尊重动物、珍惜生命；仁爱万物；以时养杀，以时禁发"等。这些内容实际上纠正了生态伦理学的奠基者、法国哲学家施韦兹的一个错误观点即"以往的全部道德规范都是调节人与人之间的关系的"说法，而应该把它们扩展到生物界，用道德的纽带把一切有生命的物质联系起来。

（一）"天人合一"是一种整体的关于人、建筑与环境的和谐观念

相比之下，中国人的祖先具有早熟的"环境意识"，这是因为中国古代社会是以农业文明为先导的。

由于农耕生活的影响，人们祈盼风调雨顺，五谷丰登，希望与自然建立起一种亲和的关系。在"万物有灵"的观念支配下，与人息息相关的自然，包括天地、日月、风云、山川都成了人们"祭祀"的崇拜对象，这种对自然的崇拜，经过漫长的历史过程而积淀为民族的文化心理结构，在哲学上表现为"天人合一"思想。

（二）"师法自然"是一种学习、总结并利用自然规律的营造思想

"人法地，地法天，天法道，道法自然。"归根到底，人要以自然为师，就是要遵守自然规律，即所谓"自然无为"。要做到这一点，首先就要认识自然规律。因而造就了中国古人对大地景观的深刻认识，对四时季节变化的敏感。针对这一特点，英国学者李约瑟曾评价说"再没有其他地方表现得像中国人那样热心体现他们伟大的设想'人不能离开自然'的原则。皇宫、庙宇等重大建筑当然不在话下，城乡中无论集中的，或是散布在田园中的房舍，也都经常地呈现一种对'宇宙图案'的感觉，以及作为方向、节令、风向和星宿的象征主义"。

（三）"中庸适度"是一种瞻前而顾后的资源利用与可持续发展理念

"天人合一"的理想直接导致了"中庸适度"的发展目标。在中国人看来，只有对事物的发展变化进行节制和约束，使之"得中"，才是事物处于平衡状态长久不衰而达到"天人合一"的理想境界的根本办法。"中庸适度"的发展目标是把建筑的发展连同经济的发展、自然的承受力一起结合起来考虑的综合的目标。它代表着一种辩证的思维方式，强调对立面的相互转化和事物的发展变化。因为事物的发展一旦突破中界线就要向两极发展，最后必然走到自身的反面。司马光曾说："天地生财只有此数"，认为自然资源只有一定的数额，不在官则在民，非此即彼。所以不如维持较低水平的消费，以尽力延长余额耗尽为其长远目标。所谓"务本节用""以防匮乏""终身宜计，毋快目前""谨盖藏以裕久远"，就是这种目标的体现。这种提倡节约，为后来人着想的发展目标，对传统建筑特别是民居的影响，不仅表现在不追求房屋的过高过大，还表现在建筑风格上的朴

素与简洁。

"天人合一"的思想渊源形成了中国传统建筑中人、建筑、自然融为一体的设计理念，人是建筑的主体，建筑空间更关注人体的基本尺度，从而在空间上更注重实用性。建筑与自然的关系是一种崇尚自然、因地制宜的关系，从而达到一种共生共存的状态。

二、中国传统建筑中体现的绿色特征

关于绿色建筑，也可以理解为是一种以生态学的方式和资源有效利用的方式进行设计、建造、维修或再使用的构筑物。绿色建筑与一般建筑的区别主要表现在四个方面：一是低能耗；二是采用本地的文化、本地的原材料，尊重本地的自然和气候条件；三是内部和外部采取有效连通的办法，对气候变化自动调节；四是强调在建筑的寿命周期内对全人类和地球的负责。而传统建筑，在这些方面都有值得今天参考借鉴的地方。

（一）自然源起的建筑形态与构成

在中国传统建筑形态生成和发展的进程之中，自然因素在不同的发展时期所起的作用和影响虽不相同，但总体上呈现出从被动地适应自然到主动地适应和利用自然，以至巧妙地与自然有机相融的过程。概括来讲，对传统建筑形态的影响可分为两个方面：自然因素和社会文化因素。

自然源起的传统建筑形态的形成和发展决定于两个方面的条件：人的需求和建造的可能性。在古代技术条件落后的条件下，建筑形态对自然条件有着很强的适应性，这种适应性是环境的限定结果，而不由人们主观决定。不论中外，东方和西方，还是远古时代和现代，自然中的气候因素、地形地貌、建筑材料均对建筑的源起、构成及发展起到最基本和直接的影响。

就我国而言，从南到北跨越了热带、亚热带、暖温带、中温带和亚温带五个气候区。通常东南多雨，夏秋之间常有台风来袭，而北方冬春二季为强烈的西北风所控制，比较干旱。我国位于亚洲的东南部，东南滨海而西北深入大陆内部。我国的地形是西部和北部高，向东、南部逐渐降低。由于地理、气候的不同，我国各地建筑材料资源也有很大差别。中原及西北地区多黄土，丘陵山区多产木材和石材，南方则盛产竹材。

如此巨大的自然因素差异正是传统建筑地域特征形成的初始条件，建筑上的原始地域差异随着各地地域文化的发展而强化，逐渐形成地域建筑各要素之间独特的联系方式、组织次序和时空表现形式，从而组成了我国丰富多彩的传统建筑形态。这种形态一般可分解为空间形态、构筑形态和视觉形态，三者相互依存、相互影响，从而形成建筑形态的统一体。

1. 气候、生活习俗与空间形态

传统民居的空间形态受地方生活习惯、民族心理、宗教习俗、区域气候特征的影响，其中气候特征对前几方面都产生一定的影响，同时也是现代建筑设计中最基本的影响因素，具有超越其他因素的区域共性。"建筑物是建造在各种自然条件之下，从一个极端封闭的盒子到另一个极端开放的露天空间。在这两种极端情况之间存在着相当多的选择。"天气的变化直接影响了人们的行为模式和生活习惯，反映到建筑上，相应地形成了或开放或封闭的不同建筑空间形态。

在气温相对宜人的地区，人们的室外活动较多，建筑在室内外之间常常安排有过渡的灰空间，如南方的厅井式民居都具备这种性质。灰空间除了具有遮阳的功效，也是人们休闲、纳凉、交往的场所。而在干热干冷地区，人们的活动大多集中于室内，由此供人们交往的大空间主要布置在室内，与外界的关系相对独立，建筑较封闭。同时，传统建筑常常利用建筑围合形成的外部院落空间解决采光、通风、避雨和防晒问题。

除了利用地面以上的空间，传统建筑还发展地下空间以适应恶劣气候，尤其在地质条件得天独厚的黄土高原地区，如陕北地区的窑居建筑。因此对地域传统建筑模式的学习，首先是学习传统建筑空间模式对地域性特色的回应，这是符合"绿色"精神的。

2. 自然资源、地理环境与构筑形态

构筑形态强调的是建造的技术方面，它是通过建筑的实体部分，即屋顶、墙体、构架、门窗等建筑构件来表现的。建筑的构筑形态包括材料的选择和其构筑的方式，很明显它与特定的环境所能提供的建筑材料有着密切的关系，特别是在人类的初始阶段，交通和技术手段尚不发达，我们的祖先只能就地取材，最大限度地发挥自然资源的潜力，从而形成了特定地区的独特构筑体系。

构筑技术首先表现在建筑材料的选择上。古人由最初直接选用天然材料（如黏土、木材、石材、竹等）发展到后来增加了人工材料（如瓦、石灰、金属等）的利用。有了什么样的材料，必然有以有效地发挥材料的力学性能和防护功能相应的结构方法和形式，传统民居正是按当时对材料的认识和要求来取舍的，并根据一定的经济条件，尽量选用各种地方材料而创造出丰富多彩的构筑形态。

木构架承重体系是传统民居构筑形态的另一个重要特征，一方面是由于木材的取材、运输、加工等都比较容易；另一方面木构架虽然仅有抬梁式、穿斗式和混合式等几种基本形式，但是可根据基地特点做灵活的调节，对于复杂的地形地貌具有很大的灵活性和适应性。因此，在当时的社会经济技术下，木构架体系是具有很大优越性的。传统民居在木构架的使用和发展中，积累了一整套木材的培植、选材、采伐、加工和防护等宝贵的经验。就技术水平而言，无论在高度、跨度以及解决抗震、抗风等问题，还是在力学施工等方面，经过严密的论证综合形成了系统的方法。

3. 环境"意象"、审美心理与视觉形态

建筑是一种文化现象，它必然受到人的感情和心态方面的影响，而人的感情和心态又是来源于特定的自然环境和人际关系。克里斯提·诺伯格·舒尔兹认为：每一个特定的场所都有一个特定的性格，就像它的灵魂一样，它统辖着一切，甚至造就了那里人们的性格。当然建筑也不例外地符合这个场所"永恒的环境秩序"。这种特定场所的内在性格潜移默化地影响着世代生息于这里的人们，并在他们头脑中形成了一个潜在的关于这个环境的整体"意象"，这也许就是人们最初的审美标准。此外，视觉形态还从心理上影响人们的舒适感觉，如南方民居建筑的用色比较偏好白色，白色在色彩学上属于冷色，能够给人心理上凉爽感，这可能是南方炎热地区多用冷色而少用暖色的根本原因之一。

（二）有调适特点的微气候环境

研究表明，中国一些传统建筑如北方的窑洞、南方的天井院等的确是"冬暖夏凉"的健康居所。造成这种结果的主要原因在于民居的舒适性并不是表现在单一指标的绝对值上，且往往这种舒适在健康的要求下也降低了标准。我们知道，热舒适是以人体的感知为标准的，其影响因素包括室内空气干球温度、湿度、风速和平均辐射四个客观环境因素以及人体的活动量和衣着两个人为因素。因此热舒适不能用单一因素进行定义，它是各因素变量平衡后所构成的一个范围。

随着室内气候的控制调节技术在第二次世界大战后得到迅猛发展和普及，人工的技术手段已经成为现代建筑的通用语言。而这种依赖于技术和能源的恒态舒适的代价却是高昂的，不仅让生态环境不堪重负，而且随着"空调病"的出现，空调环境对人体健康的负面影响也逐渐引起人们的重视。这种恒态舒适没有考虑适应性、文化差异、气候、季节、年龄、性别的不同，没有考虑到人们对热环境的期望和态度引起的心理状况对热舒适的影响，因此并不是特别令人满意。此外，人体感知刺激的空间广度是有限的，特别是人体处于静止状态的时候，例如睡眠。因此在通过付出能量得到舒适空间中，往往只有人体感知的一小部分才有实际意义，而其他大部分空间的舒适消耗浪费掉了。所以，如果为了获得小范围空间的舒适，就不得不提高大范围空间的舒适水平，这将会产生大量的"舒适浪费"。例如，在冬季临近外窗的位置就寝，而外窗的密闭性和保温性能又不甚理想，近窗处与远窗处之间就必然存在很大的温度梯度，为了提高就寝处的温度就不得不提高整个房间的温度，尽管房间的平均温度高于舒适温度，但人体所感知的空间范围内仍然有可能低于舒适要求，如此获得的舒适的代价就会很高。而传统民居就是尽可能使用自然舒适度较高的空间或者空间中自然舒适度较高的部分来获得高效的舒适感觉的。我国北方传统民居中的火炕就是很好的实例：寒冷冬季夜晚室外气温可降至 –30 ℃以下，在没有暖气及火炉供暖的情况下，由于传统建筑外围护结构的保温和气密性能有限，即使室内在窗前和墙角也可能会结霜甚至冰冻，但是人就寝在温暖的炕上，身体与表面温度较高的蓄热体接触，就可以获得相对理想的热舒适。这种舒适的成本要比通过集中供暖或空调来提高整个房间的温度而获得舒适的成本低得多。恒态、均质的舒适空间不仅造成了能源的极大浪费，而且恒态、均质的舒适空间与人体感官的生理要求也不契合。英国剑桥大学马特尼建筑与城市研究中心的研究成果已经显示：对气候的适度变化适应机会的存在能减轻人的生理和心理压力，换言之，室内气候的动态变化能对人体的舒适感觉起到增进作用。建筑不应成为恒温箱，动态的室内气候对人体产生适度的冷热等方面的刺激不仅是合理的也是必要的。除此之外，与外界气候呈现波相相同或相近的动态室内气候还能减少对外界气候的修正量，从而减少能量的输入，降低舒适的成本。因此，相对于现代建筑环境而言，传统建筑通过被动式的建筑手段营造了舒适性和健康性动态统一的室内热湿环境。

第二节　绿色建筑的规划设计

一、绿色建筑规划设计的原则

在建筑物的基本建设过程的三个阶段（规划设计阶段、建设施工阶段、运行维护阶段）中，规划设计是源头，也是关键性阶段。规划设计只需消耗极少的资源，却决定了建筑存在几十年内的能源与资源消耗特性。从规划设计阶段推进绿色建筑，就抓住了关键，把好了源头，这比后面的任何一个阶段都重要，可以收到事半功倍的效果。

在绿色建筑规划设计中，要关注其对全球生态环境、地区生态环境及自身室内外环境的影响，还要考虑建筑在整个生命周期内各个阶段对生态环境的影响。

绿色建筑规划设计的原则可归纳为下面几方面。

（一）节约生态环境资源

（1）在建筑全寿命周期内，使其对地球资源和能源的消耗量减至最小；在规划设计中，适度开发土地，节约建设用地。

（2）建筑在全寿命周期内，应具有适应性、可维护性等。

（3）提高建筑密度，少占土地，城区适当提高建筑容积率。

（4）选用节水用具，节约水资源；收集生产、生活废水，加以净化利用；收集雨水加以有效利用。

（5）建筑物质材料选用可循环或有循环材料成分的产品。

（6）使用耐久性材料和产品。

（7）使用地方材料等。

（二）使用可再生能源，提高能源利用效率

（1）采用节能照明系统。

（2）提高建筑围护结构热工性能。

（3）优化能源系统，提高系统能量转换效率。

（4）对设备系统能耗进行计量和控制。

（5）使用再生能源，尽量利用外窗、中庭、天窗进行自然采光。

（6）利用太阳能集热、供暖、供热水。

（7）利用太阳能发电。

（8）建筑开窗位置适当，充分利用自然通风。

（9）利用风力发电。

（10）采用地源热泵技术实现采暖空调。

（11）利用河水、湖水、浅层地下水进行采暖空调等。

（三）减少环境污染，保护自然生态

（1）在建筑全寿命周期内，使建筑废弃物的排放和对环境的污染降到最低。

（2）保护水体、土壤和空气，减少对它们的污染。

（3）扩大绿化面积，保护地区动植物种类的多样性。

（4）保护自然生态环境，注重建筑与自然生态环境的协调；尽可能保护原有的自然生态系统。

（5）减少交通废气排放。

（6）减少废弃物排放量，使废弃物处理不对环境产生再污染等。

（四）保障建筑微环境质量

（1）选用绿色建材，减少材料中的易挥发有机物。

（2）减少微生物滋长机会。

（3）加强自然通风，提供足量新鲜空气。

（4）恰当的温湿度控制。

（5）防止噪声污染，创造优良的声环境。

（6）提供充足的自然采光，创造优良的光环境。

（7）提供充足的日照，创造适宜的外部景观环境。

（8）提高建筑的适应性、灵活性等。

（五）构建和谐的社区环境

（1）创造健康、舒适、安全的生活居住环境。

（2）保护建筑的地方多样性。

（3）保护拥有历史风貌的城市景观环境。

（4）加强对传统街区、绿色空间的保存和再利用；注重社区文化和历史。

（5）重视旧建筑的更新、改造、利用，继承发展地方传统的施工技术。

（6）尊重公众参与设计。

（7）提供城市公共交通，便利居住出行交通等。

绿色建筑应根据地区的资源条件、气候特征、文化传统及经济和技术水平等对某些方面的问题进行强调和侧重。在绿色建筑规划设计中，可以根据各地的经济技术条件，对设计中各阶段、各专业的问题，排列优先顺序，并允许调整或排除一些较难实现的标准和项目。对有些标准予以适当放松和降低。着重改善室内空气质量和声、光、热环境，研究相应的解决途径与关键技术，营造健康、舒适、高效的室内外环境。

二、绿色建筑规划设计的内容

绿色建筑的规划设计的内容包括建筑选址、分区、建筑布局、道路走向、建筑方位朝向、建筑体型、建筑间距、季风主导方向、太阳辐射、建筑外部空间环境构成等方面。

（1）建筑选址。为建筑物选择一个好的建设地址对实现建筑物的绿色设计至关重要。绿色建筑对基地有选择性，不是任何位置、任何气候条件下均可建造合理的绿色建筑。绿色建筑选址的位置宜选择良好的地形和环境，满足建筑冬季采暖和夏季致凉的要求，如建筑的基地应选择在向阳的平地或山坡上，以争取尽量多的日照，为建筑单体的节能设计创造采暖先决条件，并可尽量减少冬季冷气流的影响。

（2）建筑布局。建筑的合理布局有助于改善日照条件、改善风环境，并有利于建立良好的气候防护单元。建筑布局应遵循的原则是：与场地取得适宜关系；充分结合总体分区及交通组织；有整体观念，统一中求变化，主次分明；体现建筑群风格；注意对比、和谐手法的运用。

（3）建筑朝向。建筑朝向的选择涉及当地气候条件、地理环境、建筑用地情况等。在建筑设计时，应结合各种设计条件，因地制宜地确定合理建筑朝向的范围，以满足生产和生活的需要。选择朝向的原则是满足冬季能获取较多的日照，夏季能避免过多的日照，并有利于自然通风的要求。由于我国处于北半球，因此大部分地区最佳的建筑朝向为南向。

（4）建筑间距。建筑间距应保证住宅室内获得一定的日照量，并结合日照、通风、采光、防止噪声和视线干扰、防火、防震、绿化、管线埋设、建筑布局形式以及节约用地等因素综合考虑确定。住宅的布置，通常以满足日照要求作为确定建筑间距的主要依据。《中华人民共和国建筑消防设计规范》规定多层建筑之间的建筑左右间距最少为 6 m，多层与高层建筑之间最少为 9 m，高层建筑之间的间距最少为 13 m，这是强制性规定。

（5）建筑体型。人们在建筑设计中常常追求建筑形态的变化，从节能角度考虑，合理的建筑形态设计不仅要求体形系数小，而且需要冬季日辐射得热多，对躲避寒风有利。具体选择建筑体型受多种因素制约，包括当地冬季气温和日辐射照度、建筑朝向、各面围护结构的保温状况和局部风环境状态等，需要具体权衡得热和失热的情况，优化组合各影响因素才能确定。

第三章
绿色建筑的设计方法

第一节　居住建筑的绿色节能设计

一、绿色居住建筑的节地与空间利用设计手法

（一）居住建筑用地的规划设计

1. 用地控制

居住建筑用地应选择在无地质灾害或无洪水淹没等危险的安全地段，并尽可能利用废地（荒地、坡地、不适宜耕种土地等），减少耕地占用。周边的空气、土壤、水体等不应对人体造成危害，确保卫生安全。

居住区在设计过程中，应综合考虑用地条件、套型、朝向、间距、绿地、层数与密度、布置方式、群体组合和空间环境等因素，来集约化使用土地，突出均好性、多样性和协调性。

2. 密度控制

居住建筑用地对人口毛密度、建筑面积毛密度（容积率）、绿地率进行合理的控制，达到合理的标准。

3. 群体组合和空间环境控制

居住区的规划与设计，应综合考虑路网结构、公建与住宅布局、群体组合、绿地系统及空间环境等的内在联系，构成一个完善的、相对独立的有机整体。

合理组织人流、车流，小区内的供电、给排水、燃气、供热、电讯、路灯等管线宜结合小区道路构架进行地下埋设，配建公共服务的设施及与居住人口规模相对应的公共服务活动中心，方便经营、使用和社会化服务。绿化景观设计注重景观和空间的完整性，应做到集中与分散结合、观赏与实用结合，环境设计应为邻里交往创造不同层次的交往空间。

4. 朝向与日照控制

居住建筑间距，以满足日照要求为基础，综合考虑地形、采光、通风、消防、防震、管线埋设、避免视线干扰等因素。日照一般应通过与其正面相邻建筑

的间距控制予以保证。不能通过正面日照满足其日照标准的，对居住建筑日照间距的控制不应影响周边相邻地块特别是未开发地块的合法权益（主要包括建筑高度、容积率、建筑物退让等）。

5. 地下与半地下空间控制

地下或半地下空间的利用与地面建筑、人防工程、地下交通、管网及其他地下构筑物统筹规划、合理安排。同一街区内公共建筑的地下或半地下空间应按规划进行互通设计。充分利用地下或半地下空间做机动停车库（或用作设备用房等），地下或半地下机动停车位达到整个小区停车位的 80% 以上。

配建的自行车库，采用地下或半地下形式，部分公建（服务、健身娱乐、环卫等）宜利用地下或半地下空间，地下空间结合具体的停车数量要求、设备用房特点、机械式停车库、工程地质条件以及成本控制等因素，考虑设置单层或多层地下室。

6. 公共服务设施控制

城市新建居住区应按国家和地方城市规划行政主管部门的规定，同步安排教育、医疗卫生、文化体育、商业服务、金融邮电、社区服务、市政公用和行政管理等公共服务设施用地，为居民提供必要的公共活动空间。居住区公共服务设施的配建水平，必须与居住人口规模相对应，并与住宅同步规划、同步建设、同时投入使用。

7. 竖向控制

小区规划要结合地形地貌合理设计，尽可能保留基地形态和原有植被，减少土方工程量。地处山坡或高差较大基地的住宅，可采用垂直等高线等形式合理布局住宅，有效减少住宅日照间距，提高土地使用效率。小区内对外联系道路的高程应与城市道路标高相衔接。

（二）居住建筑设计的节地

住宅设计要选择合理的单元面宽和进深。户均面宽值不宜大于户均面积值的 1/10。住宅套型平面应根据建筑的使用性质、功能、工艺要求合理布局。套内功能分区要符合公私分离、动静分离、洁污分离的要求。功能空间关系紧凑，便能得到充分利用。住宅单体的平面设计力求规整。电梯井道、设备管井、楼梯间等要选择合理尺寸，紧凑布置，不宜凸出住宅主体外墙过大。套型功能的增量，除适宜的面积外，尚应包括功能空间的细化和设备的配置质量，与日益提高的生活

质量和现代生活方式相适应。

居住建筑的体形设计应适应本地区的气候条件，住宅建筑应具有地方特色和个性、识别性，造型简洁，尺度适宜，色彩明快。住宅建筑配置太阳能热水器设施时，宜采用集中式热水器配置系统。太阳能集热板与屋面坡度应在建筑设计中一体化考虑，以有效降低占地面积。

二、绿色居住建筑节能与能源利用体系

（一）建筑构造节能系统

1. 墙体节能技术

（1）体形系数控制技术。为了减少因建筑物外围护结构临空面的面积大而造成的热能损失，体形系数不应超过规范规定值。

（2）窗墙比控制技术。要充分利用自然采光，同时要控制窗墙比。居住建筑的窗墙比应以基本满足室内采光要求为确定原则。建筑窗墙比不宜超过规范规定值。

（3）外墙保温技术。保温隔热材料轻质、高强，具有保温、隔热、隔声、防水性能，外墙采用保温隔热材料，能够增强外围护结构抗气候变化的综合物理性能。

2. 门窗节能技术

外门窗选择优质的铝木复合窗、塑钢门窗、断桥式铝合金门窗及其他材料的保温门窗。门窗开启扇在条件允许时尽量选用上下悬或平开下悬，尽量避免选用推拉式开启。外门窗玻璃选择中空玻璃、隔热玻璃或 Low-E 玻璃等高效节能玻璃，各种玻璃的传热系数和遮阳系数应达到规定标准。选择抗老化、高性能的门窗配套密封材料，以提高门窗的水密性和气密性。

3. 屋面节能技术

屋面保温可采用板材、块材或整体现喷聚氨酯保温层，屋面隔热可采用架空、蓄水、种植等隔热层。

种植屋面应根据地域、建筑环境等条件，选择适应的屋面构造形式。推广屋面绿色生态种植技术，在美化屋面的同时，利用植物遮蔽减少阳光对屋面的直晒。

4. 楼地面节能技术

楼地面的节能技术，可根据底面不接触室外空气的层间楼板、底面接触室外空气的架空或外挑楼板以及底层地面，采用不同的节能技术。层间楼板可采取保温层直接设置在楼板上表面或楼板底面，也可采取铺设木龙骨（空铺）或无木龙骨的实铺木地板。底面接触室外空气的架空或外挑楼板宜采用外保温系统。接触土壤的房屋地面，也要做保温。

5. 管道节能技术

管道节能技术包括：设备管线与结构体的分离技术、水管的敷设、干式地暖的应用、风管的敷设。

6. 遮阳系统

利用太阳照射角各种工况综合考虑遮阳系数。考虑居住建筑所在地区的太阳高度角、方位角、建筑物朝向及位置等因素，确定外遮阳系统的设置角度。

（二）电气与设备节能系统

1. 供配电节能技术

居民住宅区供配电系统的节能，主要通过降低供电线路和供电设备的损耗实现。

在建设供配电系统时，通过合理选择变电所位置，正确地确定线缆的路径、截面和敷设方式，采用集中或就地补偿的方式，提高系统的功率等，降低供电线路的电能损耗；采用低能耗材料或工艺制成的节能环保的电气设备，降低供电设备的电能损耗；对冰蓄冷等季节性负荷，采用专用变压器供电方式，以达到经济适用、高效节能的目的。

2. 照明节能技术

（1）照明器具节能技术：在满足照明质量的前提下，宜选择高效电光源和延时开关。

（2）居住区景观照明节能技术：①智能控制技术；②高效节能照明光源和灯具，应优先选择高效节能产品，鼓励使用太阳能照明、风能照明等绿色能源；③积极推广金属卤化物灯、LED 等高效照明光源产品。

（3）地下汽车库、自行车库等照明节电技术：①光导管技术；②棱镜组多次反射照明节电技术；③车库照明自动控制技术。

（4）绿色节能照明技术：① LED 照明技术；②电磁感应灯照明技术。

3. 智能控制技术

（1）智能化的能源管理技术。

（2）建筑设备智能监控技术。

（3）变频控制技术等。

（三）给排水节能系统

通过调查收集和掌握准确的市政供水水压、水量及供水可靠性的资料，并根据用水设备、用水卫生器具和水嘴的供水最低工作压力要求，合理确定直接利用市政供水的层数。

1. 小区生活给水加压技术

对市政自来水无法直接供给的用户，可采用集中变频加压、分户计量的方式供水。小区生活给水加压系统可采用水池＋水泵变频加压、管网叠压＋水泵变频加压及变频射流辅助加压三种供水技术。为避免用户直接从管网抽水造成管网压力过大波动，有些城市供水管理部门仅认可水池＋水泵变频加压及变频射流辅助加压两种供水技术。通常情况下，可采用射流辅助变频加压供水技术。

2. 高层建筑给水系统分区技术

给水系统分区设计中，应合理控制各用水点处的水压，在满足卫生器具给水配件额定流量要求的条件下，尽量取低值，以达到节水节能的目的。住宅入户管水表前的供水静压力不宜大于 0.20 MPa；水压大于 0.30 MPa 的入户管，应设可调式减压阀。

第二节　办公建筑的绿色节能设计

绿色生态办公建筑设计要点可以概括为：

（1）减少能源、资源、材料的需求，将被动式设计融入建筑设计之中，尽可能利用可再生能源如太阳能、风能、地热能以减少对于传统能源的消耗，减少碳排放。

（2）改善围护结构的热工性能，以创造相对可控的舒适的室内环境，减少能量损失。

（3）合理巧妙地利用自然因素，如场地、朝向、阳光、风及雨水等营造健康生态适宜的室内外环境。

（4）提高建筑的能源利用效率。

（5）减少不可再生或不可循环资源和材料的消耗等。

一、采光与遮阳塑造光环境

"朝九晚五"是典型的上班族的习惯，既然办公建筑通常是在白天使用的，那么它便成了最应该充分利用自然光线采光的场所。自然光线的利用不仅是节能的需要，更是使用者身心健康的保证。人们希望能够看到窗外一天中天空的变化，感受时光的变化，感受四季的变化。理想的办公建筑的采光首先应该充分考虑自然采光，还要考虑自然采光与人工照明的互动，光线不仅应该符合各种类型工作的要求，而且应该能够激发员工的工作激情和灵感。

二、空间与室内舒适度

影响舒适度的因素主要有：温度、湿度、风、辐射及采光。这些气候因子之间存在一定的相关性。例如，改善通风情况的同时也降低了温度和湿度。因此，不能孤立分析这些因子，否则会造成技术的堆砌。办公空间的设计应结合不同功能空间对舒适度的要求。

当前，较常见的办公空间模式是细胞式和开放空间式。细胞式适合小空间办公，细胞样的办公室沿走廊阵列，通常为两排，最多三排，这种办公形态的私密性相对较强，但空间受局限灵活性不强。较早期的开放空间办公模式，沿窗户周边的办公条件相对较好，而内部的座位其采光和通风条件都较差。这种办公室可以容纳大量员工，但是它过于重视经济效益而缺乏对员工的关怀。绿色办公的核心内容不仅仅是对环境的关怀同时亦是对使用者的关怀，在为当代人营造美好生活环境的同时不应以牺牲后代的资源和环境为代价。建筑的空间、形体、材料与构造设备系统的设计都对节能和创造舒适的室内环境起到了一定的作用。

三、被动式设计与表皮

由于办公建筑的使用一般集中在白天，这为我们利用被动式设计创造生态绿色的办公环境提供了很好的条件，从而使室内空间尽量少地依赖空调系统。被动式设计是可以不拘一格的。看到下面这句话我们会深受鼓舞："正确的建筑围护结构和一丁点的创意，就可以使人类以最少的化石能源，在几乎任何地方居住。"被动式设计由被动式太阳能设计起源，实际上我们可以利用一切可利用的自然因素如日照、风、温度的日变化和季节变化、地热、水温、湿度等，使得建筑通过表皮与气候相互作用、调节。紧凑的建筑结构可以减少建筑物的表面积，从而降低热量损失。围护结构应该具有良好的绝缘性和密闭性，从而实现热桥最小化。一扇窗户的设计，不单是一个立面形式的问题，而应该根据房间的尺度、对光线和热量的需求，确定它的位置、方向、大小和形式。窗户既要考虑接收阳光又要考虑可以调节遮挡过量阳光，组织良好的通风系统，适当的遮阳系统可以阻止建筑在夏季里吸收过多热量。自然光的使用降低了照明用电量，中央控制系统自动控制各个系统的运转，优化了能源使用率。

四、系统与能源效率

目前，办公楼建筑主要存在以下问题。

（1）常规能源利用效率低，可再生能源利用不充分；

（2）无组织新风和不合理新风的使用导致能耗增加；

（3）冷热源系统方式不合理、冷冻机选型偏大、运行维护不当；

（4）输配电系统由于运行时间长、控制调节效果差，导致电耗较高；

（5）照明及办公设备用电存在普遍的浪费现象等。

因此，在优化建筑围护结构、降低冷热负荷的基础上，应提高冷热源运行效率，降低输配电系统的电耗，使空调及通风系统合理运行，降低照明和其他设备电耗，这一系列无成本、低成本的措施可以有效降低建筑能耗。针对以上问题，需制定一系列指标分项约束建筑物的围护结构、采光性能、空气处理方式、冷热源方式、输配电系统、照明系统和可再生能源利用率。

建筑是为人类活动而建，当然不能忽视人类活动的影响。办公空间有潜在的高使用率和办公机器的散热。人体散热和机器散热这两部分内在热辐射不容忽视。实践证明，这两部分得热加上日照辐射热、地热以及建筑的高密闭性，就可为建筑提供充足的热量。当然，这种密封良好的建筑一般都应有较好的通风系统，室内过少的通风不仅危及建筑结构而且对人的健康危害很大。为了保证低能耗，建筑要控制通风量，但每小时每立方的室内应该至少有约 40% 的新风量。在夏季，室内得热加上太阳辐射量吸收，会使房间温度过高，因此夏季要做好遮阳措施，避免额外太阳热量吸收，并利用夏季夜间自然通风以提供白天的舒适度，减少白天耗能。

五、挖掘水利用的潜力——净水、灰水及黑水

办公建筑用水量主要体现在使用人数和使用频率上，主要包括饮用水、生活用水、冲厕水以及比例较小的厨房用水。节水不仅仅要求更新节水设备，更要求每位使用者养成节水的习惯。中水的回收利用已经是比较成熟的技术，但在国内由于有些城市并没有中水系统，单个建筑设置中水回收不仅造价高而且并不一定有效，这就需要城市提供建筑节能绿色的基础设施系统。雨水经屋顶收集处理后可用于冲洗厕所，可以浇灌植被。保持并使用雨水井使其回流到现场土壤内的过程十分简单，但却是控制溢出水的重要途径。但目前，城市中由于渗透性土壤大都密封在建筑和路面下方，因此溢水和积水的发生频率越来越高，灾害性越来越大。黑水进行固液分离，干燥后可以作为有机肥料来肥沃土壤茁壮植被。

六、探索材料的深度以尽量发挥资源的能量

建筑材料的开发绝不是一滴半点的节能。另外，从日常的生活办公的废料中也可开发出可为建筑所利用的材料，例如不仅利用废纸可以生产保温材料，而"从蓝色到绿色"的运动发起了回收废旧牛仔裤以制造被称为 Ultra Touch 的天然棉质纤维绝缘材料作为建筑的保温材料。

《绿色建筑评价标准》要求，在保证性能的前提下，使用以废弃物为原料生产的建筑材料，其用量占同类建筑材料的比例不低于 30%。可考虑采用的废弃物建材包括利用建筑废弃物再生骨料制作的混凝土砌块、水泥制品和配制再生混凝土；利用工业废弃物等原料制作的水泥、混凝土、墙体材料、保温材料等建筑材料。

办公建筑以简洁为宜，尽可能使用可再生材料，使用的材料应经久耐用、维护成本低、减少装修，甚至管道系统、管件和电缆等均可外露，还便于检修。减少装修的另一个好处就是可减少空气的污染。为了营造一个无毒的室内环境，同时较好地保护室外环境，在建筑内部不要使用任何施工用溶剂型化学品及含有其

他有害物质的材料或产品。为保证室内空气环境，应对现场达标性进行监测。现场监理人员应定期对材料进行检查，收集标签和产品数据表，并安排专家对其进行检查。

此外，建筑外围护材料的选择还应注意避免对与周围环境的光污染。光伏玻璃作为一种新型材料，不仅可以作为建筑外围护结构，而且可以发电为使用者提供能源。

七、整体设计

实现绿色建筑要分三个层面。第一层面，在建筑的场址选择和规划阶段考虑节能，包括场地设计和建筑群总体布局。这一层面对于建筑节能的影响最大，这一层面的决策会影响以后各个层面。第二层面，在建筑设计阶段考虑节能，包括通过单体建筑的朝向和体型选择、被动式自然资源利用等手段减少建筑采暖、降温和采光等方面的能耗需求。这一阶段的决策失当最终会使建筑机械设备耗能成倍增加。第三层面，建筑外围护结构节能和机械设备系统本身节能。

第三节　商业建筑的绿色节能设计

一、规划和环境设计

（一）选址与规划

在场地的规划中，合理利用地形，尽量不破坏原有地形地貌，避免对原有环境产生不利影响，降低人力物力的消耗，减少废土、废水等污染物。规划时应充分利用现有的交通资源，在靠近公共交通节点的人流方向设置独立出入口，必要时可与之连接，以增加消费者接触商业建筑的机会与时间。

（二）环境设计

环境设计中还要充分考虑绿化与硬质铺地的合理搭配，绿化较少会单调乏味并失去气候调节功能。商业建筑为了获得大面积的室外广场，建筑周边都采用不透水的硬质铺装，这些都阻碍了雨雪等降水渗透到地下。地下水得不到应有的补偿，长久下去就会形成地下水漏斗区，导致土壤承载力下降，威胁到商业建筑的安全。不透水地面也失去了蒸发功能，无法通过蒸发来调节温度与湿度，造成夏季城市热岛效应加剧。

二、建筑设计

（一）建筑平面设计

建筑物的朝向选择是与节能效果密切相关的首要问题。南向有充足的光照，商业建筑选择坐北朝南，有利于吸收更多的热量。在进行商业建筑平面设计时，应将低能耗、热环境、自然通风、人体舒适度等因素与功能分区统一协调考虑。将占有较大面积的功能空间放置在建筑的端部，设置独立的出入口，几个核心功能区间隔分布，中间以小空间连接，缓解大空间的人流压力。

（二）建筑造型设计

规整的商业建筑体形在一定程度上有利于建筑的节能，但过分规整的建筑形体，又显得呆板乏味，难以形成活跃的商业氛围。商业建筑形体上可适当采取高低落差，体块穿插等手法，不仅可以在视觉上丰富建筑轮廓，还能利用自身高起的部分对西晒形成遮挡。在商业建筑的造型上，不同内部功能采取不同的材质和虚实处理手法。

（三）中庭设计

中庭是商业建筑不可缺少的功能空间，在它顶部一般都设有天窗或是采用透光材质的屋顶，引入自然光，减少人工照明能耗。夏天，利用烟囱效应，将室内有害气体以及多余的热量进行集中，统一排出室外；冬天，利用温室效应将热量留在室内，提高室内的温度。合理配置中庭内的植物，可以调节中庭内的湿度。有些植物还具有吸收有害气体和杀菌除尘的作用。另外，利用落叶植物不同季节的形态还能达到调节进入室内太阳辐射的作用。

（四）地下空间利用

现在很多商业建筑利用地下一、二层的浅层地下空间，发展餐饮、娱乐等功能，而将地下车库布置在更深层的空间里，在获得良好经济效益的同时，也实现了节约用地的目标。

商业建筑还可以将地下空间与地铁等地下公共交通进行连接，借助公共交通

的便利资源，使消费过程变得方便快捷，减少搭乘机动车购物时给城市交通带来的压力，达到低碳生活的目的。

三、室内空间环境设计策略

（一）室内空间设计

消费者的大部分商业行为都是在商业建筑室内完成的。商业建筑室内空间设计首先要吸引消费者的购买欲望，并且在长时间的购物过程中身心都感觉比较舒适。在室内空间的设计中，可以采取室外化的处理手法，将自然界的绿化引入到室内空间，或者将建筑外立面的装饰手法应用到商业建筑的室内界面上。

（二）室内材料选择

商业建筑室内装饰材料的选用，首先要突显商业性、时尚性，同时还应重点考虑材料的绿色环保特性。

在设计过程中，同时应该避免铺张浪费、奢华之风，用经济、实用、适合的材料创造出新颖、绿色、舒适的商业环境。在具体工程项目中应考虑尽量使用本土材料，从而可以降低运输及材料成本，减少运输途中的能耗及污染。

四、结构设计中的绿色理念

以全寿命周期的思维概念去分析思考，合理选择商业建筑的结构形式与材料。内部空间的自由分割与组合对商业建筑非常重要，在满足结构受力的条件下，结构所占的面积也要尽可能的少，以提供更多的使用空间；较短的施工周期，有利于实现尽早盈利；商业建筑还时常需要高、宽、大等特殊空间。基于以上几点考虑，目前钢结构已成为商业建筑最具优势的结构形式。虽然钢结构在建设初期投入的成本相对较高，但它的刚度好，支撑力强，有时代感，更能突显建筑造型的新颖、挺拔。而且在后期拆除时，这些钢材可以全部回收利用，从这一角度讲，钢结构要比混凝土结构节能环保得多。

五、围护结构节能

（一）外墙与门窗节能

商业建筑重视外立面的装饰效果，在外围护结构的设计上，不仅要考虑造型美观的因素，还应该注意保温性能的要求。商业建筑的实墙面积所占比例并不多，但西、北向以及非沿街立面实墙面积较大。

商业建筑立面一般比较通透、明亮，橱窗等大面积的玻璃材质较多，通透的玻璃幕墙给人以现代时尚的印象，夜晚更能使建筑内部华美的灯光效果获得充分的展现，吸引人们的注意。但从节能角度考虑，普通玻璃的保温隔热性能较差，大面积的玻璃幕墙将成为能量损失的通道。解决玻璃幕墙的绿色节能问题，首先就要选择合适的节能材料。

（二）屋顶保温隔热

商业建筑一般为多层建筑，占地面积较大，这就导致其屋顶面积很大。发掘屋顶的景观潜力，与实用功能相结合，利用绿色节能技术，设置屋顶花园是提高商业建筑屋顶保温隔热性能的有效方法之一，并且可以提高商业建筑的休闲品位。另外，架空屋顶，通风屋面等也是实现商业建筑屋面保温隔热的良好措施。

（三）建筑遮阳

商业建筑采用通透的外表面较多，为了控制夏季太阳对室内的辐射，防止直射阳光造成的眩光，必须采用遮阳措施。由于建筑物所处的地理环境、窗户的朝向，以及建筑立面要求的不同，所采用的遮阳形式也有所不同。

六、空调通风系统节能技术

有关资料表明，空调制冷与采暖耗能大约占到了公共建筑总能耗的 50% ～ 60%。商业建筑的空调与通风系统有很多相似和相通之处、新风耗能占到空调总负荷的很大一部分，除了提高空调的能效之外，处理好两者之间的关系，也有利于降低空调的能耗。

七、采光照明系统

商业建筑消耗在采光照明上的能源占到了总能源的 1/3 以上。其中，夏秋季节，照明系统能耗占总能耗的比例为 30% ～ 40%；冬春季节，则要占到 40% ～ 50%，节能潜力很大。

（一）人工照明

选用智能化的照明控制设备与控制系统，同时与商业建筑内安保、消防等其他智能系统联动，实现全自动管理，将有效节约各部分的能源和资源。

建筑设计是一门艺术，人工照明是其中的重要部分，在考虑照明系统节能的同时不能只满足基本的照明需求，更需要建筑师与相关专业人员合作探讨，创造出生态、节能、健康，又具有艺术气息的人工照明系统。

（二）自然采光

自然采光对于商业建筑的意义不仅在于减少照明能耗，还意味着安全、清洁、健康。在太阳的全光谱照射下，人们的生理与心理都会得到比较愉悦的感觉。阳光可以拉近人与自然的距离，满足人们回归自然的心理，还能促进儿童的生长发育，具有杀菌作用，增强人体的免疫能力。

自然采光可分为侧窗采光与天窗采光。商业建筑多数都采用天窗采光。另外，商业建筑的地下空间在进一步利用后也对自然光有着一定的要求，但现有的采光系统较难实现。近年来导光管、光导纤维、采光隔板和导光棱镜窗等新型采光方式陆续出现，它们运用光的折射、反射、衍射等物理特性，满足了这部分空间对阳光的需求。

八、防火与节能

近年来，随着保温材料等节能措施的不断应用，由其引发的火灾也频频发生。商业建筑人员密集，货物集中，一旦发生火灾，将造成巨大的生命与财产损失。商业建筑的节能应与防火措施紧密结合。

（一）保温材料

有机保温材料保温性能良好，但多数防火性能较差，燃烧时还会产生有毒气体和烟尘，导致人员中毒、窒息，保温材料在外墙上都是相连贯通的，一旦起火，将会迅速蔓延整个建筑。商业建筑设计保温材料时，应更多考虑难燃和不燃的无机保温材料。如果必须使用可燃的有机保温材料，必须对材料进行阻燃处理，使其满足防火要求。

（二）中庭

在发生火灾危险时，中庭及其上部的通风口能够快速有效地将室内的浓烟及有害气体排出室外，避免室内人群因浓烟窒息。但是中庭的拔风作用也会对火势起到加强效果，要注意在中庭周边设置防火卷帘，防止火势借中庭空间窜至其他楼层，在中庭还应布置灭火设施。

另外，在选择照明设施等设备时，应尽量选择发热量小的产品，提高能源的转化效率，防止产生过多的热量，造成火灾隐患。同时，还能减少能源浪费和空调负荷。商业建筑外立面经常被巨大的广告牌包围，不仅造成外立面的混乱，也是火灾隐患，一旦出现火情，也为及时扑救带来很大困难。因此在进行商业建筑的设计时，要特别注意。

第四节　酒店（饭店、旅馆）建筑的绿色节能设计

一、酒店建筑的节能设计

（一）酒店建筑的能耗特点

酒店建筑的能耗主要包括：采暖能耗，空调与通风能耗，照明能耗，生活热水，办公设备，电梯，给排水设备等。

决定酒店的能耗量主要取决于建筑被动节能设计，能源系统和空调等系统设计，控制系统与模式，运营使用管理等。

酒店建筑的全年能耗中大约50%～60%用于空调制冷与采暖系统，20%～30%用于照明。而在空调采暖这部分能耗中，大约20%～50%由外围护结构传热所消耗（夏热冬暖地区大约20%，夏热冬冷地区大约35%，寒冷地区大约40%，严寒地区大约50%）。

酒店的功能非常复杂，包括文化、物质、心理和生理等方面内容。不同功能的空间，如客房、餐厅、酒吧、会议、大堂等，对舒适度的要求有很大区别，因而在建筑设计和空调采暖通风系统设计上，都需要针对不同功能空间的使用特点，选择相应的解决方案。

酒店建筑从使用上看有明显的间歇性特点，通常客房的入住率在50%～70%，一些季节性强的酒店，淡季旺季入住率差异更加明显。其他餐厅、会议等区域更是有明显的使用时段，因而其空调采暖、通风设计必须与其相适应。

（二）避免不必要的节能技术与设备的堆砌

目前国内绿色节能建筑出现的最大偏差是不顾实际效果盲目堆砌各种所谓节能技术与设备，造成高能耗建筑和后期高昂的维护成本。建筑节能与否，唯一衡

量标准是在达到设定的舒适度指标条件下，每平方米建筑面积的能耗指标，更准确科学的定义是单位建筑面积每年一次性能源消耗指标。而绝对不是采用了多少节能技术设备系统。

（三）被动式节能设计优先

被动式节能措施是指通过群体规划布局、单体建筑设计本身，有效利用自然条件，克服不利因素，为创造舒适的室内环境，节约能耗或为主动式节能创造有利的条件。

1. 总平面规划设计

酒店建筑的总平面规划设计是建筑节能设计的重要内容之一，这一阶段设计要对建筑的总平面布置，建筑平、立、剖面形式，太阳辐射，自然通风等气候参数对建筑能耗的影响进行分析。也就是说，在冬季最大限度地利用自然能来取暖，多获得热量和减少热损失；夏季最大限度地减少得热并利用自然能来降温冷却，以达到节能的目的。

特别注重入口大堂和餐厅室外庭院的冬季防风和夏季遮阳效果，这两方面对酒店的舒适体验和价值提升意义重大。

朝向选择的原则是冬季能获得足够的日照并避开主导风向，夏季能利用自然通风并防止太阳辐射。然而建筑的朝向、方位以及建筑总平面设计应考虑多方面的因素，尤其是公共建筑受到社会历史文化、地形、城市规划、道路、环境等条件的制约，要想使建筑物的朝向对夏季防热、冬季保温都很理想是有困难的，因此，只能权衡各个因素之间的得失轻重，选择出这一地区建筑的最佳朝向和较好的朝向。通过多方面的因素分析、优化建筑的规划设计，尽量避免东西朝向日晒。

2. 建筑体形系数控制

严寒和寒冷地区建筑外围护结构能量损失占比很大，此类地区建筑体形的变化直接影响建筑采暖能耗的大小。建筑体形系数越大，单位建筑面积对应的外表面面积越大，传热损失就越大。严寒和寒冷地区建筑的体形系数应小于或等于0.40。

在夏热冬冷和夏热冬暖地区，建筑体形系数对空调和采暖能耗也有一定的影响，但由于室内外的温差远不如严寒和寒冷地区大，而且夏季空调能耗占总能耗比例上升，所以体形设计要兼顾冬季保温和夏季散热通风要求，有较多的自由度，建筑师能够设计出较丰富生动的建筑群体和单体造型。

3. 控制外围护结构的传热系数

严寒和寒冷地区建筑节能主要考虑建筑的冬季防寒保温，建筑围护结构传热系数对建筑的采暖能耗影响最大，因而提高外围护结构传热系数的指标是节能最有效，投资相对小的措施。

在夏热冬冷和夏热冬暖地区，室内外温差没有严寒、寒冷地区那么大，通过外围护结构损失的能量没有那么多，同时在过渡季和夏季需要考虑室内向外散热，过度提高外围护结构传热系数的指标要求，综合效果并不一定好。

4. 避免热桥构造，消除结露危险，提高建筑的气密性

由于围护结构中窗过梁、圈梁、钢筋混凝土抗震柱、钢筋混凝土剪力墙、梁、柱等部位的传热系数远大于主体部位的传热系数。形成热流密集通道。如果在此不采取充分隔热措施，就会形成热桥，造成能量损失。不利条件下还会形成结露，导致发霉，严重影响室内健康环境。

提高严寒地区和寒冷地区建筑的气密性是提高建筑舒适性和节能的重要环节，有条件的项目应通过"鼓风门"等方法检测建筑的气密性，配合红外热敏成像等技术设备，综合诊断改善建筑的保温性能。

5. 窗墙比的控制，模拟计算寻优

透明玻璃窗是建筑保温隔热的薄弱环节，高性能保温隔热玻璃的造价相对较高。因而在设计初期业主和建筑师就需要明确，采用较大玻璃面积外墙设计，同时达到室内舒适环境和节能要求，需要采用高性能保温隔热玻璃，遮阳和其他空调技术设施，需要较大投资支持。如果不能做到这一点就必须严格控制窗墙比。

对于复杂的建筑需要进行计算机模拟，根据当地的气候条件，太阳辐射的强度，对不同开窗面积，不同玻璃性能，遮阳设施的组合进行比较，在保证室内舒适度的前提下，计算能耗量，以确定最佳方案。

（四）重点空间的舒适度与节能设计

酒店大堂、中庭餐饮、会议室等空间是酒店建筑最富于艺术表现力的空间，同时也是舒适度和节能设计容易出问题的区域。随着时代的演变，酒店大堂及中庭等空间更多地具有客厅、休憩、等候、茶饮和私密交谈等功能，而不是简单交通功能和高大辉煌的空间。这些功能需要较高的舒适度，特别是对分层空间温度、空气流速、空间界面温度、阳光舒适度、声舒适度等方面的要求。

　　这些特效的空间设计需要综合权衡建筑的艺术效果、实用功能性和舒适节能方面的要求，选择最佳解决方案。设计过程中宜选用 FLUENT、Star CCM+ 等专业软件，对未来空间的舒适度指标，如温度场、风速场、空气龄场、PMV 场等，进行系统模拟，对房间的气流组织，室内空气品质（IAQ）进行全面综合评价，以保证其舒适度的要求，同时在此基础之上建筑师和暖通工程师共同确定适当的设备系统和末端形式的选择，以达到空间艺术、舒适度和节能的最佳效果。

　　（五）酒店空调系统最具节能潜力的十个方面

　　酒店由于季节性和使用间歇性大，因而需要空调系统能够灵活可调，且反应快速。影响酒店空调系统能耗的主要有采暖锅炉、制冷机水泵、新风机和控制系统。在建酒店空调系统设计和既有酒店建筑空调系统改造方面，节能潜力最大的有以下十个方面。

　　①冷热源系统的优化与匹配。综合考虑可再生能源利用的实际效果和与其他系统的配合而不是盲目采用多种技术，使系统过于复杂，整体效率降低，反而增加能耗；②根据建筑运行荷载精心选择不同功率大小制冷机组搭配，使制冷机组总能在较高 CPO 状态下运行；③采用变频水泵，根据冷热负荷需要调节送水量；④根据室外空气温度情况，在过渡季节，以及夏日夜间和早晨时段，尽量采用室外空气降温减少空调开启时间；⑤采用适当的传感与控制系统，要求做到房间里无人时，空调与新风系统自动降到最低要求标准，有条件时，应做到门窗开启时，空调或暖气系统自动关闭；⑥保证输送管线有足够的保温隔热措施减少输送过程能量损耗；⑦定期清洗风机盘管等设备，减少阻力和压力损失；⑧空调整体智能化控制系统，根据末端要求情况利用水资源等系数，准确控制制冷机的开启和水泵运行。在某些季节和时段只对餐厅等空间运行制冷，而对客房和走廊大堂等只进行送风；⑨必要的热回收设备；⑩设计师需要关心项目的实际使用情况，了解建筑使用后物业管理方式与问题，进行实际能耗跟踪测评统计和用户反馈，有针对地进行精细化系统设计，而不是只按规范，造成设备过大或搭配不合理等问题。

二、绿色环保建材使用

（一）保证健康室内空气环境

国际上对绿色环保建材的要求最新发展体现在两个方面，一个方面是保证室内空气质量，控制甲醛和有害挥发性有机化合物（TVOC），甲醛和 TVOC 主要潜在包含在人造板家具、涂料、胶黏剂、壁纸、地毯衬垫等。酒店工程都是精装修，因而绿化环保建材应用对室内空气质量至关重要。①需要设计师以及施工标书编制机构对此有足够重视和相应专业知识，在设计和标书中对所有材料的要求，包括黏结剂等辅助材料的环保性提出明确的量化指标要求；②在施工过程中所有材料要求提供第三方权威检测机构出具的检测证书，并全程备案；③装修完成后进行室内空气质量检测。

（二）减少大气污染排放

环保建材要求的另一个方面是衡量建筑对宏观环境的影响，即建筑中所有使用的建筑材料及设备，考量其生产过程中能源的消耗和有害气体的排放量，对地球环境可能产生的影响。可持续建筑不仅要求减少 CO_2 排放，同时也要求减少 NO_2、SO_2 等其他有害气体对臭氧层的破坏，减少磷化物和重金属的排放，以避免对全球环境造成更严重的破坏。

通过对建筑中所有使用建材与设备建立档案和量化记录，根据数据库提供的参数就可计算出每种建筑材料相应折算每年排放有害物质的数量，核算建筑中所有建材和设备，即可计算出建筑每年排放有害物质的总量。

如果在设计过程中就能进行这项计算工作，就可以考核不同建筑及结构形式。不同建筑材料的应用，将会对环境产生较多或较少的负面影响，从而达到在这一项考核指标方面减少污染保护环境的目的。

（三）强调就地取材

国际上可持续建筑强调使用本地建筑材料，通常要求主要建筑材料来源在 500 km 范围以内。就地取材有利于减少交通运输 CO_2 和其他污染物的排放，同时有利于形成地方特色的建筑风格，这一点对于酒店建筑也是非常重要的。

三、酒店可持续运营管理

酒店的运营管理对于酒店建筑与设施的节能、绿色环保效果影响巨大。

（一）酒店可持续管理组织架构

酒店需要设立创建绿色酒店的组织机构，由经过专业培训的高层管理者负责；设立绿色行动专项预算；有明确的绿色行动目标和量化指标；为员工提供绿色酒店相关知识培训；有倡导节约、环保和绿色消费的宣传行动，对消费者的节约、环保消费行为提供鼓励措施。

（二）酒店建筑的能耗管理

酒店建筑的运行节能是节能工作非常重要的环节，具体应从下列八个方面入手：

（1）水、电、气、煤、油等主要能耗部门有定额标准和责任制。

（2）主要用能设备和功能区域安装计量仪表。

（3）每月对水、电、气、煤、油的消耗量进行监测和对比分析，定期向员工报告。

（4）定期对空调、供热、照明等用能设备进行巡检和及时维护，减少能源损耗。

（5）积极引进先进的节能设备、技术和管理方法，采用节能标志产品，提高能源使用效率。

（6）积极采用可再生能源和替代能源，减少煤、气、油的使用。

（7）公共区域夏季温度设置不低于 26 ℃，冬季温度不高于 20 ℃。

（8）水、电、气、煤、油等能源费用占营业收入百分比达到先进指标。

（三）酒店减少废弃物与环保

国际上酒店业对于减少垃圾产生与促进环保已形成一定有效机制与办法，通常从以下十三个方面推进：

（1）减少酒店一次性用品的使用。

（2）根据顾客意愿减少客房棉织品换洗次数。

（3）简化客房用品的包装。

（4）改变洗涤品包装为可充灌式包装。

（5）节约用纸，提倡无纸化办公。

（6）有鼓励废旧物品再利用的措施。

（7）减少污染物排放浓度和排放总量，直至达到零排放。

（8）引进先进的环保技术和设备。

（9）不使用可造成环境污染的产品，积极选择使用环境标志产品。

（10）采取有效措施减少固体废弃物的排放量，固体废弃物实施分类收集，储运不对周围环境产生危害；危险性废弃物及特定的回收物料交由资质机构处理、处置。

（11）避免过度包装，必须使用的包装材料尽可能采用可降解、可重复使用的产品。

（12）积极采用有机肥料和天然杀虫方法，减少化学药剂的使用。

（13）采用本地植物绿化饭店室内外环境。

第五节　医院建筑的绿色节能设计

一、可持续发展的总体策划

随着医疗体制的更新和医疗技术的不断进步，医院功能日趋完善，医院建设标准逐步提高，主要体现在床均面积扩大、新功能科室增多、就医环境和工作环境改善等方面。绿色医院的设计理念要体现在该类建筑建设的全过程，总体策划是贯彻设计原则和实现设计思想的关键。

（一）规模定位与发展策划

医院建筑的高效节约设计首先要对医院进行合理的规模定位，它是医院良好运营的基础。如果定位不当，将造成医院自身作用不能充分发挥和严重的资源浪费。正确处理现状与发展、需要与可能的关系，结合城市建筑规划和卫生事业发展规划，合理确定医院的发展规划目标，有效地对建设用地进行控制，体现规划的系统性、滚动性与可持续发展，实现社会效益、经济效益与环境效益的统一。

随着人口不断增长，医院的规模也越来越大，应根据就医环境合理地确定医院建筑的规模，规模过大则会造成医护人员、病患较多，管理、交通等方面问题突显；规模过小则资源利用不充分，医疗设施难以健全。随着人们对健康的重视和就医要求的提高，医院的建设逐渐从量的需求，转化为质的提高。我国医院建设规模的确定不能臆想或片面追求大规模和形式气派，需要综合考虑多方面因素，注重宏观规划与实践的结合，在综合分析的基础上做出合理的决策。

要制订出可行的实施方案，主要考虑的内容是医院在未来整体医疗网络中的准确定位、投资决策、项目的分阶段控制完成等，它是各方面关联因素的综合决

策过程。在这个阶段，需要医院管理人员及工艺设备的专业相关人员密切参与配合，他们的早期介入有利于进行信息的沟通交流（如了解设备对空间的特殊技术要求，功能科室的特定运作模式等），尽可能避免土建完工后建筑空间与使用需求之间的矛盾冲突和重新返工造成极大浪费的现象产生。统筹规划方案的制订应该有一定的超前性，医院建筑的使用需求在始终不停的变化之中，但对于一幢新的医院建筑一般需要四五十年的使用寿命，设备、家具可以更新，但结构框架与空间形态却不易改动，因此，建筑设计人员应该与医院院方共同策划，权衡利弊，根据经济效益情况确定不同投资模式。另外，我国医院的建设首先确定规模统一规划，分期或一次实现进行，全程整体控制是比较有效与合理的发展模式。在医院建筑分期更新建设中，应该通过适当的规划保证医院功能可以照常运营，把医院改扩建带来的负面影响减至最小，实现经济效益与工程建设协调统一进行。医院建设的前期策划是一个实际调查与科学决策的过程，它有助于医院建筑设计工作者树立整体动态的科学思维，在调查及与医院相关人员的交流等过程中提高对医疗工作特性的认识，奠定坚实的工作基础，使持续发展的具体设计可以更顺利地进行。

（二）功能布局与长期发展

随着医疗技术的不断进步、医疗设备的不断更新、医院功能不断完善，医院建筑提供的不仅是满足当前单纯的疾病治疗空间和场所，而应该注意到远期的发展和变化，为功能的延续提供必要的支持和充分的预见，灵活的功能空间布局为不断变化的功能需求提供物质基础。随着医疗模式的不断变化，医院建筑的形式也发生着变化，一方面是源于医疗本身的变化；另一方面，医院建筑中存在着大量的不断更新的设备、装置。绿色医院建筑的特征之一就是近远期相结合，具备较强的应变能力。医院的功能在不断地发生改变时医院建筑也要相应地做出调整。在一定范围内，当医院的功能寿命发生改变时，建筑可以通过对内部空间调整产生应变能力以满足功能的变化，保证医院建筑的灵活性和可变性，真正做到以"不变"应"万变"的节约、长效型设计。

1. 弹性化的空间布局

医院建筑的结构空间的应变性是对建筑布局应变性的进一步深化，从空间变化的角度看基本分为调节型应变和扩展型应变两种。调节型应变是指保持医院自身规模和建筑面积不变，通过内部空间的调整来满足变化的需求；扩展型应变主要是指通过扩大原有医院规模和面积来满足变化的需求。两种方式的选择是通过对建筑原有的条件的分析和比对而决定的。在设计中，绿色医院建筑应该兼有调节型应变和扩展型应变的特征，这样才能具有最大限度的灵活性应变，适应可持续发展的需要。

调节型应变在结构体系和整体空间面积不变的条件下可以实现，简便易行，大大地提高效率节省资源。要实现医院的调节型应变关键是在建筑空间内设置一定的灵活空间以用于远期发展，而调节型应变要求空间具有匀质化的特征，以便空间更容易被置换转移和实现功能转换融合，即要求医院空间具有较好的调整适应度。例如：空间的标准化设计、空间尺度、面积、高度的发展预留，空间的简易灵活分隔等。因此在医院空间设计时应适当转变原有固定空间的设计模式，转而考虑医院不同功能空间之间的交融和渗透，寻求空间的流动和综合利用。医院空间的使用并不是完全单一的，例如：门诊空间就是一个复杂的综合功能空间，可以通过一定的景观、绿化、屏风、地面铺装、高低变化等软隔断进行空间分隔，并可依据功能使用的情况变化而不断调整，医院候诊空间、科室相近的门诊空间等也可以采用类似的方法来实现空间更大的应变性。因此，灵活空间的设置可以依据近似功能空间整合的方式进行。例如：医院护理单元病房空间标准化处理既有利于医护人员加深对环境的熟悉程度从而提高工作效率，也有利于空间的灵活适应性。

扩展型应变主要是通过面积的增加来实现，扩展型空间应变的关键是保证新旧功能空间的统一协调，扩展型空间应变包括水平方向扩展和竖直方向扩展两个方面。医院的水平扩展需要两个基本条件：一方面要预留足够的发展用地，考虑适当留宽建筑物间距，避免因扩展而可能造成的日照遮挡等不利影响；另一方面使医院功能相对集中，便于与新建筑的功能空间衔接，考虑前期功能区的统一规划等。医院竖直方向扩展一般不打乱医院建筑总体组合方式，优点是利于节约土地，特别适用于用地紧张，原有建筑趋于饱和的医院建设，缺点在于竖直方向扩展需要结构、交通和设备等竖直方向发展的预留，而在平时的医院运营中它们尚未充分发挥作用，容易造成一定的资源浪费，如近期有扩建的可能则是一种较好的应变手段，或者可以采取竖向预留空间暂做他用，待到需要的时候再通过调整使用用途的方式进行扩展。

2. 可生长设计模式

医院建筑是社会属性的公共建筑，但又与常规的公共建筑有所不同。由于其功能的特殊性，使用频率较高，发展变化较快，功能的迅速发展变化，大大缩短了建筑的有效使用寿命，如果医院建筑缺乏与之适应的自我生长发展模式，很快就会被废弃。从发展的角度讲，建筑限制了医疗模式的更新和发展；从能源角度讲，不断地新建会造成巨大的浪费，因此医院建筑在设计中应该充分考虑到建筑的生长发展。建筑的可生长性主要是从两个层面考虑，一是为了适应医学模式的发展，满足医院建筑的可持续发展，而不断地在建筑结构、建筑形式和总体布局上做出探索变化，即"质"变；二是建筑基于各种原因的扩建，即"量"变。医疗建筑的生长发展是为了适应疾病结构的变化和医疗技术的进步发展。延长建筑的使用寿命是绿色建筑的重点之一，无论是质变还是量变关键是前期的规划准备和基础条件，医院应该预留足够的发展空间，建筑空间也应便于分隔，适度预留，体现生长型绿色医院建筑的优越性和可持续性。

（三）节约资源与降低能耗

近几十年我国城市迅速发展扩大，城市的高速发展不可避免地带来许多现实问题，诸如城市发展理念不符合一般的城市可持续发展规律，城市中心区建筑密度过高，用地紧张，公共设施不完善，道路低密度化等问题。其中对建筑设计影响最大的应该是建设用地的紧张，高密度造成的环境破坏，因此随着我国功能部门的分化和医院规模的扩大，为了节约土地资源，节省人力、物力、能源的消耗，医院建筑在规划布局上相应地缩短了流线，出现了整合集中化的趋向，原有医院建筑典型的"工"字形、"王"字形的分立式布局已经不能满足新时期医院发展的需要。其建筑形态进一步趋于集中化，最明显的特征就是大型网络式布局医院的出现以及许多高层医院的不断产生。纵观医院建筑绿色化的发展历程，医院建筑经历了从分散到集中又到分散的演变，它反映了绿色医院建筑的发展趋势。应该注意到医院建筑的集中化、分散化交替的发展模式是螺旋上升的发展方式，当前我们所倡导的医院建筑分散化不是简单地回归到以前的布局及分区方式，而是结合了现代医疗模式的变化发展，更为高效、便捷、人性化的布局形式，做到集约与分散的合理搭配，力求实现医院建筑的真正绿色化设计。

二、自然生态的环境设计

(一) 营造生态化绿色环境

与自然和谐共存是绿色建筑的一个重要特征。拥有良好的绿色空间是绿色医院建筑的鲜明特征，自然生态的空间环境既可以屏蔽危害、调节微气候、改善空气质量，还可以为患者提供修身养性、交往娱乐的休闲空间，有利于病人的治疗康复。热爱自然，追求自然是人类的本性，庭院化设计是绿色医院建筑的标志之一，是指运用庭院设计的理念和手法来营造医院环境。空间设计庭院化不论是对医患的生理还是心理都十分有益，对病人的康复有极大好处。注意医院绿化环境的修饰，是提高医院建筑景观环境质量的重要手段。如采用室内盆栽、适地种植、中庭绿化、墙面绿化、阳台绿化、屋顶绿化等都能为病人提供赏心悦目、充满生机的景观环境，达到有利治疗、促进康复之目的。环境是建筑实体的延伸，包括生态环境和人文环境。

(二) 融入自然的室内空间

室内空间的绿色化是近年来医院设计的重要趋势之一。我国的医院建筑规模和人流量均较大，室内空间需要较大的尺度和宽敞的公共空间。绿色医院建筑的内部景观环境设计一方面要注重空间形态的公共化。随着医疗技术的进步，其建筑内部使用功能也日趋复合化。为适应这种变化，医院建筑的空间形态应更充分地表现出公共建筑所特有的美感，中庭和医院内街的形态是医院建筑空间形态公共化的典型方法。不同的手法表达了丰富的空间形式，为服务功能提供了场所，也为使用者提供了熟悉方便的空间环境，为消除心理压力、缓解焦躁情绪起到积极的作用，同时表达了医院建筑不仅为病患服务也为健康人服务的理念。

第四章
绿色建筑的技术路线

第一节　绿色建筑与绿色建材

一、绿色建筑

绿色建筑是在建筑的全寿命周期内，最大限度地节约资源（节能、节地、节水、节材），保护环境和减少污染，为人们提供健康、适用和高效的使用空间，与自然和谐共生的建筑。所谓"绿色建筑"的"绿色"，并不是指一般意义的立体绿化、屋顶花园，而是代表一种概念或象征，指建筑对环境无害，能充分利用环境自然资源，并且在不破坏环境基本生态平衡条件下建造的一种建筑，又可称为可持续发展建筑、生态建筑、回归大自然建筑、节能环保建筑等。例如上海世博中心总建筑面积 14.2 万 m^2，其中地上面积 10 万 m^2，地下面积 4.2 万 m^2，整个建筑采用了太阳能、LED 照明、江水源、冰蓄冷、水蓄冷和雨水收集等多项节能环保技术。世博中心可再生能源利用率达 52%，可再循环的建筑材料用料比达 28.9%，每年可节约的能耗相当于 2 160 t 标准煤。采用绿色建筑技术后，世博中心每年可减少二氧化碳排放 5 600 t，节约自然水 16 万 t，占到其年用水量的76%。看着这一条条，一个个数据，一幅绿色城市的轮廓逐渐清晰。世博轴的阳光谷、法国馆的垂直花园、伦敦的零碳馆、具有太阳能屋面的主题馆、会呼吸的展馆——日本馆。

随着城市的不断发展，绿色建筑越来越被关注。绿色建筑离不开科学规划与建设，我们按照时代需求积极推进绿色化建筑前进的步伐，强调为用户提供一个高效、舒适、便利的人性化建筑环境，同时，最大限度节约资源，节能、节地、节水、节材、保护环境和减少污染，以人、建筑和自然环境的协调发展为目标，建设与自然和谐共生的绿色智能建筑。

二、绿色建材

绿色建筑中必不可少的是绿色建材。绿色建材是指采用清洁生产技术，少用天然资源和能源，大量使用工业或城市固态废物生产的无毒害、无污染、无放射性、有利于环境保护和人体健康的建筑材料。它具有消磁、消声、调光、调温、隔热、防火、抗静电的性能，并具有调节人体机能的特种新型功能建筑材料。在国外，绿色建材早已在建筑、装饰施工中广泛应用，在国内它只作为一个概念刚开始为大众所认识。绿色建材是采用清洁生产技术，使用工业或城市固态废弃物生产的建筑材料。

建筑材料工业是重要的基础材料工业和原材料工业，是振兴我国国民经济发展的支柱产业之一。材料产业支撑着人类社会的发展，为人类带来了便利和舒适。但同时在材料的生产、处理、循环、消耗、使用、回收和废弃的过程中也带来了沉重的环境负担。怎样才能提高传统建材的质量，同时能做到节能、节水、利废和环保，并且大力发展新型的绿色建材。满足这种绿色建材的新型建材应具有轻质、高强度、保温、节能、节土、装饰等优良特性。采用新型建材不但使房屋功能得到提升，还可以使建筑物内外充满现代感；有的新型建材可以显著减轻建筑物自重，推动了建筑施工技术现代化，也大大加快了建房速度。绿色建材是生态环境材料在建筑材料领域的延伸，代表了 21 世纪建筑材料的发展方向，符合世界发展趋势和人类发展的需要，更是推动绿色建筑兴起的必要条件。世界各国利用绿色建材所造的绿色建筑形式多种多样，均是设计师全部或部分采用以上的绿色建筑设计策略建造完成的。这些建筑或突出可再生能源的利用，或突出材料、水等资源的保护或突出室内环境的健康等。所以，绿色建材是生态环境材料在建筑材料领域的延伸，从广义上讲，绿色建材不是一种单独的建材产品，而是对建材健康、环保、安全等属性的一种要求。对原料加工、生产、施工、使用及废弃物处理等环节贯彻环保意识并实施环保技术，从而保证社会经济的可持续发展。

（一）木材绿色化

我国是少林国家，森林资源非常之宝贵。进行木材的绿色化生产是解决我国木材短缺的根本性措施，同时也有利于保护天然林资源，为木材的绿色化生产提供基础。木材是人类社会最早使用的材料，也是直到现在还在一直被广泛使用的生态材料。但在其制造、加工过程中由于使用其他胶黏剂造成了产品并非具有原料本身那样绿色生态产品的性能，木材的绿色化生产要保证产品除具有优异的物化性能和使用性能外，还必须具有木材的第三属性，即生态环境协调性。目前的木材生产工艺尽管有所差别，但可归结为从原料的软化、干燥、半成品加工和储存、施胶、成型和预压、热压、后期加工、深度加工等步骤。绿色化生产工艺侧重对其工艺进行改造，选用环境污染小、自动化程度高的先进工艺流程。降低木材工艺对环境的压力，并在后期使用过程中不会造成二次污染。

（二）金属材料的绿色化

据统计，世界钢铁工业能源消耗占世界总能耗的 10%。近 10 年来，中国钢铁工业能源消耗占全国能耗总量的 9.15% ～ 10.55%。

国际先进钢铁企业，如日本新日铁公司的余热余能回收利用率已达到 92% 以上，其企业能耗占生产总成本的比例约为 14%。我国最先进的钢铁企业宝钢的余热余能回收率约为 68%，其能耗占生产成本的 20%，其他企业的余热余能回收利用率在 30% ～ 50%，其能耗占生产成本的 30% ～ 45%。由这些数据可见，我们需要改进的地方还有很多，金属材料固然有它有利的一面，但是，它耗能排碳的量也是非常巨大的。

第二节　绿色建筑的通风、采光与照明技术

一、通风

传统建筑对自然通风有很多值得借鉴的方法，而在我们现代的绿色建筑设计中积极地考虑自然通风，并注意与地域建筑的有效结合，对于自然通风的合理利用、节约能源具有现实意义。

（一）建筑体型与建筑群的布局设计

建筑群的布局对自然通风的影响效果很大。考虑单体建筑得热与防止太阳过度辐射的同时，应该尽量使建筑的法线与夏季主导风向一致；然而对于建筑群体，若风沿着法线吹向建筑，会在背风面形成很大的漩涡区，对后排建筑的通风不利。在建筑设计中要综合考虑这两方面的利弊，根据风向投射角（风向与房屋外墙面法线的夹角）对室内风速的影响来决定合理的建筑间距，同时也可以结合

建筑群体布局的改变以达到缩小间距的目的。由于前幢建筑对后幢建筑通风的影响，因此在单体设计中还应该结合总体的情况对建筑的体型，包括高度、进深、面宽乃至形状等实行一定的控制。

（二）维护结构开口的设计

建筑物开口的优化配置以及开口的尺寸、窗户的形式和开启方式，窗墙面积比等的合理设计，直接影响着建筑物内部的空气流动以及通风效果。根据测定，当开口宽度为开间宽度的1/3～2/3时，开口大小为地板总面积的15%～25%时，通风效果最佳。开口的相对位置对气流路线起着决定作用。进风口与出风口宜相对错开布置，这样可以使气流在室内改变方向，使室内气流更均匀，通风效果更好。

（三）注重"穿堂风"的组织

"穿堂风"是自然通风中效果最好的方式。所谓"穿堂风"是指风从建筑迎风面的进风口吹入室内，穿过房间，从背风面的出风口流出。显然进风口和出风口之间的风压差越大，房屋内部空气流动阻力越小，通风越流畅。此时房屋在通风方向的进深不能太大，否则就会通风不畅。

（四）在建筑设计中形成竖井空间，来加速气流流动，实现自然通风

在建筑设计中竖井空间主要形式有：

（1）纯开放空间——目前，大量的建筑中设计有中庭，主要是平面过大的建筑出于采光的考虑。从另外一个方面考虑，我们可利用建筑中庭内的热压形成自然通风。

（2）"烟囱"空间，又称风塔——由垂直竖井和几个风口组成，在房间的排风口末端安装太阳能空气加热器以对从风塔顶部进入的空气产生抽吸作用。该系统类似于风管供风系统。风塔由垂直竖井和风斗组成。在通风不畅的地区，可以利用高出屋面的风斗，把上部的气流引入建筑内部，来加速建筑内部的空气流通。风斗的开口应该朝向主导风向。在主导风向不固定的地区，则可以设计多个朝向的风斗，或者设计成可以随风向转动。

（五）屋顶的自然通风

通风隔热屋面通常有以下两种方式：

（1）在结构层上部设置架空隔热层。这种做法把通风层设置在屋面结构层

上，利用中间的空气间层带走热量，达到屋面降温的目的，另外架空板还保护了屋面防水层。

（2）利用坡屋顶自身结构，在结构层中间设置通风隔热层，也可得到较好的隔热效果。

（六）双层玻璃幕墙维护结构

双层幕墙是当今绿色建筑中所普遍采用的一项先进技术，被誉为"会呼吸的皮肤"，它由内外两道幕墙组成。其通风原理是在两层玻璃幕墙之间留一个空腔，空腔的两端有可以控制的进风口和出风口。

在冬季，关闭进出风口，双层玻璃之间形成一个"阳光温室"，提高围护结构表面的温度；夏季，打开进出风口，利用"烟囱效应"在空腔内部实现自然通风，使玻璃之间的热空气不断地被排走，达到降温的目的。

（七）太阳能强化自然通风

太阳能强化自然通风，充分利用了太阳能这一可持续能源转化为动力进行通风。此类建筑结构主要有：屋面太阳能烟囱和太阳能空气集热器。以上结构可以单独设置来强化通风，但是，为了在夏季达到更好的冷却效果，通常将这些做法与其他建筑结构组合成一个有组织的自然通风系统。

二、采光

（一）建筑自然采光技术的发展

随着完全人工环境下对自然环境的气候特征征服的全球化推广，伴随着地域主义对其忽略各个不同地域环境特征和文化特点的批判，国际式建筑逐渐暴露出了种种弊端。它不仅是对地方气候特性和文化特征的一种同质化，同时也极大地隔绝了人与自然的联系，并且造成了大量的能源消耗。建筑照明设计作为建筑能耗中的一个重要部分，随着对自然采光的深入研究以及自然采光与建筑设计相结合的不断发展，建筑自然采光设计在世界范围内的建筑实践中已经成为一个越来越重要的因素，一方面在建筑设计的初期就成为整个建筑设计构思的考虑方面之一，在整个建筑空间和功能的组织和实现上产生了重要的影响；另一方面建筑围护系统作为建筑自然采光设计的一个重要环节，同时还关系到建筑对外的能量交换和自然通风。其已逐步发展为综合建筑自然采光、遮阳、自然通风的一个复合系统。并且伴随着建筑围护系统的复合化以及对自然光源控制的深入研究，太阳光不再是一个单一的建筑研究对象，而是集合了其可见性、红外热效应、紫外辐射效应、运行轨迹和反射性等多种特性的多重系统。通过对有益的自然光线的利用和不利因素的控制，建筑自然采光的适用范围也逐步得到了广泛的应用和实践发展，自然光源存在着稳定性不足、变化较大，热效应和紫外辐射问题已经通过控制系统的不断发展逐渐形成了一个越来越完善的综合体系。随着自然光源控制水平的不断提高，自然光源在很多情况下可以代替人工光源成为主要的建筑照明手段，而人工光源则作为必要情况下的辅助光源系统。

（二）砌体结构的自然采光

砌体结构根据材料的不同主要包括砖砌体结构和石砌体结构，即选择砖墙或者石墙作为承载整个重量的结构。由于砖和石的承压性能远远高于承拉性能。同时要考虑到承重墙的抗震性能，因此在承重外墙上洞口的开设大小就存在着一定的限制，通常在洞口上方可以看到使用砖砌拱或者石拱券以承载上部传递的压力，或者通过钢筋混凝土过梁的方法，但一般洞口宽度都不大。

长期以来通过采用窗地比限制来控制各房间的自然采光，但窗墙比仅规定了面积的大小，对于空间的进深、窗的形状、位置等相关因素均没有要求，就有可能造成虽然窗地比值满足要求，但是室内采光不均匀，窗空口处由于控制不当导致采光过量，而内部由于缺乏适当的导光措施过暗，这两种情况下都无法为使用者创造一个舒适的光环境，导致在自然光充足的情况下，室内窗帘或百叶紧闭，电灯全部开启的情况出现。而这种由于设计不当造成的不必要浪费完全可以通过设计师控制房间进深、结合外墙采用适当的窗口位置、形状以及相应的反光措施，从很大的程度上缓解该情况的出现。

（三）框架结构的自然采光

随着现代建筑运动的发展，钢筋混凝土多米诺体系迅速取代旧的砌体结构成为现代建筑的标志之一，随之而来的建筑外墙从承重结构的限制中解放，出现了现代建筑通长的条状窗。伴随着幕墙技术最终发展形成的全通透的玻璃建筑，自然采光和建筑围护之间的矛盾已经消融，如何获得充足的采光似乎已不再是问题。但是当玻璃幕墙席卷世界，出现在纽约、伦敦、东京、上海以及世界各地的时候，一方面大面积的玻璃幕墙造成的光污染开始引起人们的关注；另一方面，过度采光造成的视觉不适似乎通过在室内安装窗帘或百叶就很容易地解决。玻璃本身作为维护材料，其传热系数是普通砖墙的两倍，同时引入大量自然光也带来

了温室效应。

但是由此造成的室内热环境的问题在空调的发明和便宜的能源价格上被暂时掩盖。直到 70 年代第一次能源危机时，现代建筑内在隐藏的一些能源问题才逐渐受到广泛的关注，其中一项就在于这种基于能量的大量消耗而维持的人造环境是不可持续的。建筑师开始重新审视建筑与环境，建筑与社会之间的矛盾，同时，大量生态建筑理念开始逐渐在全世界范围内引起关注。而自然采光作为可持续建筑中的重要组成部分，也开始朝着生态、节能的道路发展。

（四）可持续建筑背景下的自然采光

可持续建筑思想作为一个关于建筑、自然、人类、社会的重新审视，一方面由于能源危机导致的巨大的社会问题，同时另一方面也植根于面对现代建筑全球化而引发的批判的地域主义的再思考。建筑与能耗的全面关注，作为可持续建筑焦点之一，对建筑围护系统的导热性能、主动式太阳能系统、被动式太阳能系统、自然采光系统的研究也逐渐广泛地发展起来。在自然采光方面，如何处理过量的光线导致的眩光、自然光引发的热效应以及围护结构的构造导致巨大的能量消耗、自然光采集与光伏转换等问题，开始随着低能耗，甚至零能耗建筑研究在欧美国家得到更加深入的发展。同时随着现代建筑对于光线作为建筑元素的思想进一步发展，亦有自然采光结合建筑创作的经典之作，并且随着技术的发展，自然采光不再作为电气照明的补充地位而逐渐在建筑设计的初期便融入整个建筑构思之中，而逐渐成为不可或缺的元素之一。自然采光实现的范围和手段均呈现出极大的多样化，同时形成结合自然通风、采光和隔热等多重目的复合维护系统。

当今自然采光不再是一个单纯的采集过程，而是一个包括采集、过滤、存储的复合过程。随着计算机模拟技术的发展，建筑照明设计逐渐成为一项可以量化控制的过程，通过计算的模拟计算，建筑师可以更加直观、更加客观地评估建筑围护系统的设计。自然采光的控制不再仅仅是一个根据经验数值，一个简单的窗墙比，而是一个结合建筑维护系统构造方式、材料等动态影响的过程。

三、照明

（一）绿色照明的概念

绿色照明是指采用效率高、寿命长及性能安全稳定的节能照明电器产品，如高效节能的光源、灯具及其附件等，并通过科学的照明设计，使照明达到高效、舒适、安全、经济和有益于环境改善的要求，从而提高人们工作、生活的条件和质量。我国对绿色照明设计的要求是在保证不降低作业面视觉要求和不降低照明质量的前提下，最大限度地减少照明系统中的能耗损失。随着科技的不断发展，绿色照明工程已不再是传统意义的节能，其已发展成为广义的照明节能系统，其内容兼顾各种照明场所的照明节能、采光节能、管理节能以及防止污染等各个环节的节能。绿色照明工程要求在制造生产光源、灯具时必须采用符合行业标准的生产环境和工艺；在实际应用照明过程中，要能够减少产生的二氧化硫、二氧化碳以及严重污染环境的悬浮颗粒物等，同时达到节能和环境保护的相应指标。

（二）建筑电气照明节能设计的原则

1. 经济实用的原则

经济适用一般是说在实施节能设计的同时必须要考虑到能够合理控制电气照明的节能，尤其是要关注避免发生大量电力耗费与为了达到美观的目的进行许多浪费电能的装饰，要在能够大幅度节省成本的条件下设计出实用实惠的节能电气照明。所以在日常进行设计的过程中需要设计人员将自己的专业特长与建筑物本身结构结合起来，能够充分考虑到环境保护、资源节约，能够进行设计安排各项照明设施，实现通过设计来达到建筑电气的节能目的。

2. 绿色照明的原则

绿色照明的原则是指在建筑照明能够确保居民能够正常生活的基础上最大限度地进行省电，大幅度地节约电能，并能够提升人们的舒适体验，降低安全隐患，不会发生因质量问题而导致安全事故。可是建筑中的绿色照明和人们传统上的认识不太一样，并不是通过提高成本来达到节能的目的，而是需要设计人员能够通过节能设计来改变和增进照明的基本功能，在能够满足人们基本生活需求，如学习、生活、娱乐的情况下设计出合理、高效、科学同时也满足建筑电气照明节能的标准要求。

（三）建筑照明节能设计方法

1. 合理确定照明设计方案

照明方案的合理设计一般遵循实用和实效性。通常的设计内容包括可以在空调房间装置空调照明组合系统，控制好用电量的指标，或者直接进行数值设置。对某些需要高光线要求的区域，可以采用多个光源的相互配合。如果室内场所有一定的光色要求可以安装一些混合照明。总之，照明方式的选择依据实际需要进行设置，最基本的要求是经济实惠且效能好。而且，浅色的建筑材料更有利于彰显光线，通过颜色视觉，从而达到颜色与光线的相融合、配合。因此可以在室内的屋顶、地面或者墙壁上选择浅色的装饰材料。在工作场所，根据不同需要选择不同照明方式、照明数值。

2. 合理选择照明线路

通过大量的实验和研究发现照明线路上损耗的电能大约能够占输入电能的百分之四左右，所以在照明配电系统设计的时候一定要考虑到尽量减少配电线路，进而可以达到节约电能的目的。在这里可以采取多种方法，例如选择使用电阻比较小的电缆，通过合理设计减少电缆的长度，尽量选取横截面比较大的线缆。照明电源主线路可以选择三相供电系统，这能够最大限度地减少电压损失，而且要想办法让三相的负荷矩能够长时间处于平衡状态，以保证光源的发光效率。

3. 合理选择控制开关与方案

在建筑物中可以依据照明的应用特征来分区域控制灯光或者适当增加照明开关以达到节约电能的目的。可以根据具体的位置来选择不同的设计方法。比如在卧室中安装床头灯的时候选择可以调节灯光的开关。如果在楼道之中就可以选择较为节能的自动控制开关。在体育馆等大型公共场所可以采取集中控制和单独控制的设计方案，这样可以让管理人员能够监管或者是专管，可以选择分组开关以及调光的方式进行控制。而许多比较高档的建筑物或者智能建筑物中，可以选择调光、调压或电脑自动控制的方式来达到节约电能的目的。

4. 合理选择照明方式

通常情况的照明有三种，第一种是家居一般照明，第二种是局部照明，第三种是混合照明。三种方式的选择应根据具体情况决定。比如，如果在实验室，那么对光的亮度和清晰度要求比较高，所以像一般的照明根本满足不了；如果是检验台的话可以使用局部照明，既满足了光的亮度的要求，同时又节省了一定的电量，提高了工作效率。因此，合理选择照明方式也很关键，根据实际情况利用合适的照明方式既省电有不耽误工作，反而能更好地提高工作效率，一举两得。

5. 合理利用天然光，有效运用现代科技手段

最大限度地利用自然光是达到照明节能的最有效的手段和方式，要求设计者能够在设计的过程中根据实际环境充分利用好通风与自然光的照明，设计选择最佳的位置来将外部光线引入到室内，这样不仅可以达到节省电能的目的，而且使

用自然光具有无污染、舒适健康等优点，和传统照明相比更加有利于人体的健康。所以设计者在设计时必须要最大限度地借助自然光，让室内光线充足，也可以多设计能够反光或者利用白色的设计，让自然光在室内能够充分地传播，提高光的利用率，降低电能的使用。

6. 推广使用高光效光源，采用高效率节能灯具

在建筑室内灯具选择上，必须选择控光效率高、效果好的灯具，从而节约电能。除此之外，还必须注意灯具的配光曲线，降低单位面积耗电量，减少运行和投资费用。一般情况下，均选用直管荧光灯，因为直管荧光灯光效高、性价比高、显色性好、使用寿命长。对于高大厅堂等易维护的场所，可选用使用寿命足够长的高频无极荧光灯，其显色性好、方便快捷、安全可靠耐用。

7. 研究新技术新产品，优选气体放电光源启动设备

在建筑电气照明节能设计时，应该大量应用天然光和光纤照明，有效运用现代科技手段，合理选择照明线路和控制开关与方案。尤其对于写字楼等高楼大厦，有许多大玻璃，所以应该充分利用天然光线，它可以通过玻璃折射入室内。除此之外，还可以采用自动控制幕帘来调控光线强弱，从而使光线舒适。

第三节　绿色建筑围护结构的节能技术

建筑围护结构的节能技术，存在着功能和节能之间的矛盾，良好的透光性能使建筑可以获得更好的视野，但同时可能造成冬季隔热时的困难和夏季室温的升高，而良好的通风性能同样可能造成节能困难。建筑围护结构的节能主要包括从建筑形体的设计，建筑墙体、门窗和屋面的设计和施工来完成。

一、建筑形体与节能

建筑形体的设计，更多属于建筑学范畴。长期以来，建筑师多对建筑外观及使用功能进行精心设计，而从建筑节能角度进行的综合设计只能说是初步的。建筑形体的变化会改变建筑物与环境的热交换。相对来说，塔式建筑比板式建筑与

环境进行更多的热交换，在其他条件相同的情况下一般高出 10% 以上，复杂的体形和较大的表面积带来更多的热交换。建筑物的体形系数反映建筑物外表面与体积的比例关系，建筑体形系数每增大 1%，能耗指标大约增加 2.5%，对建筑物节能效果影响很大。建筑物体形系数的减少，将限制建筑师的设计空间。因此，建筑物的体形系数应该在建筑造型和节能需求之间综合平衡，一般应该控制在 0.3 以下。建筑物体形系数的控制，主要通过减少建筑面宽，加大建筑幢深，增加建筑层数，增加建筑组合以及减少建筑外形的过多变化来实现。建筑形体设计中的节能，可以同时考虑各面平均有效传热系数。

二、建筑墙体与节能技术

建筑墙体的隔热保温技术，大体分为墙体自身隔热保温和通过复合材料进行隔热保温两种类型。墙体自保温技术通过墙体主体结构材料如加气混凝土墙体、黏土（空心）砖墙体、砌体砌块墙体、钢筋混凝土墙体等的隔热保温功能实现。为了增加墙体隔热保温性能，通常通过隔热材料与墙体主体材料的复合构成复合墙体实现隔热保温功能。复合节能墙体由于采用了高效的绝热材料，增加了施工难度和成本，但可以实现较好的热工性能。复合墙体保温隔热技术大多采用外保温技术或内保温技术，其他如中间保温技术应用相对较少。复合墙体所应用的绝热材料，主要是聚苯乙烯塑料、岩棉、玻璃棉、矿棉、膨胀珍珠岩和加气混凝土等。

（一）墙体外保温技术

墙体外保温技术指绝热材料复合在建筑物外墙外侧的隔热保温技术。一般采用导热系数较小的高效保温隔热材料。墙体外保温技术有以下特点。

（1）对消除冷热桥效果相对较好。

（2）外保温层受建筑使用造成保温层破坏的危险相对较小。

（3）减少墙体本身温度变化，环境温度的变化对建筑温度综合影响较小。

（4）外保温技术与内保温技术相比，施工难度相对加大。

（二）墙体内保温技术

墙体内保温技术绝热材料复合在建筑物外墙内侧，墙体内保温技术需要在高效的保温隔热材料表面应用如石膏板等保护层覆面。墙体内保温技术有以下特点。

（1）施工方便，室内连续作业，室外气候对质量的影响较小，效率较高，但室内结构吊挂的安全要求更高。

（2）室内供热效果较好，避免热量冷量为外墙所吸收，但减少外墙冷热积蓄使室内温度随冷热量的供应变化而产生较大变化。

（3）外墙本身温度变化较大，增加传热系数，而且容易产生冷桥热桥，形成结露。

（4）占据一定的室内空间，既有建筑节能改造施工也会影响建筑物正常使用。

（三）建筑门窗与节能技术

在建筑物墙体、屋面、门窗和地面4大围护结构部件中，门窗因其通风采光等的功能要求，隔热保温性能相对较差，对室内热环境的影响也最敏感，是建筑节能需要考虑的重要因素。门窗的节能措施主要通过减少窗墙面积比，增加门窗气密性和提高施工质量解决。

建筑窗户的气密性是指空气通过关闭状态窗户的性能指标，由于窗户结构在窗框、窗扇以及在施工中的镶嵌缝隙，空气流通产生能量流失。普通单层钢窗空气渗透量 $q_0 < 6.0 \text{ m}^3/\text{h}$，属1级；普通双层钢窗空气渗透量 $q_0 < 3.5 \text{ m}^3/\text{h}$，属2级，都不能达到节能标准要求。建筑节能窗户的使用，对建筑节能效果增加较大，可以省采暖费用，其经济性能较好。

（四）建筑屋面与节能技术

建筑屋面保温大多数属外保温屋面，有混凝土保温屋面、乳化沥青珍珠岩保温屋面、憎水型珍珠岩保温屋面、聚苯板保温屋面、岩棉保温屋面、玻璃棉板保温屋面、浮石砂保温屋面、彩色钢板聚苯乙烯泡沫夹芯保温屋面、彩色钢板聚氨酯硬光夹芯保温屋面等。实体材料层的保温隔热屋面，需要考虑屋面保温层的负荷，不宜选择密度过大的材料。倒置式屋面是将保温层设于防水层之上的保温方法，与传统屋面构造中保温层与防水层位置相反。由于屋面蓄能量较小，室内的热交换相对较小，是一种较好的节能屋面形式。通风屋面是建筑屋面节能的另外一种屋面节能方式，在我国夏热冬冷地区和夏热冬暖地区被广泛采用。这是一种将屋面实体结构变为带有空气间隔层的结构形式，通风屋面内表面温度变化比一般实体屋面延滞 3～4 h，具有通风好、散热快的特点。种植屋面利用屋顶种植花草形成屋顶花园，具有较好节能和生态效果。分为覆土种植和无土种植两类，由于花草本身的光合作用、蒸腾作用和植物本身的呼吸作用，产生很强的热吸收效果，温度的调节能力优于通风屋顶。蓄水屋面是在屋面上贮存水层进行屋面隔热的一种节能技术，水在蒸发时吸收大量热量，阻断夏季屋面热量的传导，起到隔热效果。蓄水屋顶的屋面水层增加的屋面负荷量，是在设计中需要考虑的因素。

第四节　绿色建筑的遮阳技术

建筑遮阳对室内热环境最为积极的影响是：只让适量的太阳辐射进入室内，改善室内热舒适度，尽量减少空调的冷负荷，降低对能源的依赖。由于人们居住生活品质的提高，使得建筑遮阳肩负其他调节室内物理环境的使命。优秀的建筑遮阳设计应该综合考虑室内采光、通风、视线等因素，使遮阳设施最大限度地发挥其对于自然的调节和控制作用，充分利用积极因素创造更宜人的室内环境。

一、绿色建筑的遮阳

（一）建筑遮阳的类型

目前，遮阳措施很多，可概括为三大类：利用绿化遮阳，结合建筑构件处理的遮阳和专门设置的遮阳。结合建筑构件处理的手法，常见的有：加宽挑檐、外廊、凹廊、阳台、旋窗等。专门设置的遮阳包括水平遮阳、垂直遮阳、综合遮阳、挡板遮阳、百叶内遮阳、内遮阳加镀膜、活动百叶外遮阳等。活动式遮阳多采用铝合金、工程塑料等，它质轻、不易腐蚀、表面光滑、反射阳光辐射性能好。遮阳形式的选择，应从地区气候特点、窗户朝向、室内采光、通风等方面来考虑。

（二）遮阳与通风

遮阳板在遮阳的同时也会影响窗户原有的采光和通风特性，由于遮阳板的存在，既遮挡了过多的阳光，同时建筑周围的局部风压也会出现较大幅度的变化。在许多情况下，设计不当的实体遮阳板会显著降低建筑表面的空气流速，影响建筑内部的自然通风效果。如果根据当地的夏季主导风向特点，可以利用遮阳板作为引风装置，增加建筑进风口的风压，对通风量进行调节，以达到自然通风散热的目的。例如：在盖尔森基兴日光能科技园，为了解决 300 米长廊中庭的通风问题，采用了折叠式布帘遮阳板，玻璃幕墙也可以通过机械装置开启通风。百叶遮阳板可以在遮阳的同时不妨碍通风，因此百叶遮阳板是解决遮阳与通风矛盾的较好方案。

（三）遮阳与采光

遮阳与采光总会产生矛盾，而水平百叶的遮阳和采光可以相互结合并促进。水平百叶可在阻挡过量直射阳光进入室内近窗处的同时，将阳光反射到房间离窗户较远的地方，促进了房间的自然采光。玻璃百叶使用高性能的隔热玻璃和热反射玻璃制成，既可遮阳，又不妨碍阳光进入室内。

（四）遮阳与散热

遮阳构件既要避免本身吸收过多热量，又要易于散热。遮阳板适宜采用热容低的材料，避免室内外不利的温度传导。在当今以生态技术为代表的建筑实例中，采用新型材料制成的高反射、低热容的金属遮阳、玻璃遮阳板受到越来越多的建筑师的青睐。将遮阳板（百叶）置于室外的效果比室内显著，与遮阳板的通风散热有关。以垂直悬挂的遮阳百叶为例，当采用外遮阳时约有 30% 的热量进入室内，采用内遮阳时则提高 60%。平面遮阳帘幕能够达到 100% 的遮阳效果。

（五）遮阳与视线遮挡

挡板式遮阳最有可能对视线造成遮挡，因此一般来说应慎用单纯的挡板式遮阳。除此以外，如果在设计中考虑到视线问题，较大尺度的遮阳构件一般不容易产生视线遮挡的问题，而较小尺度的遮阳构件如普通百叶帘、隔栅、穿孔板等或多或少会对视线产生影响。但从另一个方面来看，与遮挡室内向外看的视线相比，百叶帘和隔栅对于由室外向室内的视线遮挡更强，这又不失为一个优点。现在许多玻璃制品和遮阳面料都对视线的通透状况加以考虑，一个基本的原则是在遮阳的同时尽可能地允许室内观赏室外景色，而又使室外不能轻易地看到室内场景。

二、建筑遮阳对绿色建筑的贡献

（一）建筑遮阳对环境保护和节能减排的贡献

夏季强烈的太阳辐射是高温热量之源。大量太阳辐射从玻璃窗进入室内，使室温增高，人们不得不在室内加大空调功率。空调负荷便主要用于排出进入室内的太阳辐射热。用空调器从室内"搬"到室外的热量又加热了建筑物外围的空气，众多空调器的如此"搬运"形成了城市"热岛效应"，对局部地域气候环境起着恶性循环的推动作用。把夏季强烈的太阳辐射热阻挡在室外，而不是先让热量进入室内再用能量制冷抵消后排到室外，对此建筑外遮阳起到了关键作用。建筑外遮阳还具有通风功能，在遮挡太阳辐射热和眩光进入室内的同时，为室内自然通风提供了条件，使室内得到了理想的热舒适环境。采用建筑外遮阳，为室内提供了理想的热舒适环境，有利于人们提高工作、学习效率，生活环境质量得到提高；建筑外遮阳还可以减少空调的使用，有些北方地区的城市建筑可以大大减少甚至不使用空调，免去了空调费用，对节能减排的作用不可低估。冬季夜晚的寒风是降低室内温度的重要因素。我国北方单位建筑面积采暖能耗远高于相同气候条件下的发达国家，其中窗户能耗太高是问题的关键，冬季窗户耗能约占建筑采暖耗能的一半。我国北方大部分地区冬季，特别是冬季夜晚，昼夜温差大，温度很低。室内采暖的大量热量从保温较差的玻璃窗户逸出，造成室温下降，供热部门不得不增加采暖供热量。冬季夜晚，采用具有防寒保温作用的建筑外遮阳设施，加上遮阳帘与玻璃窗之间的空气保温层，可以对室内起到保温作用，保温性能提高约一倍。

建筑外遮阳还有保护私密性、避免眩光、降低噪音、防盗和装饰等作用；免去了在外窗或阳台安设防盗网的费用，还建筑物本身的风格，使小区甚至整个城市的市容整洁清新，体现了人居环境的本来面貌。

（二）建筑遮阳对于削减电力高峰负荷作用值得重视

空调制冷用能已经成为我国夏季用电高峰的关键因素。每年夏季，空调的使用造成城市用电负荷高峰，约占当地总功率的 30% ～ 40%，常导致拉闸限电。过高的电力高峰负荷，对于电站和电网设施的经济和安全运行非常不利。过了两三个月的夏季电力高峰时段，大批极端昂贵的电力设施却闲置不用，造成浪费严重。若采用遮阳设施，对于降低空调制冷能耗和削减电力高峰负荷都能够起到积极的作用。

三、遮阳的发展趋势

随着科技的不断进步，新一代建筑师正在积极探索新的、更加高效的遮阳方式，新型的遮阳材料应用，使得遮阳构件更为细腻与精巧，操作上也更加灵活与人性化，与此同时，遮阳构件超越了传统的功能范畴，参与解决建筑中通风采光甚至是太阳能利用问题，可谓是一举多得。设计师也致力于寻求通过新的工艺和造型产生相当程度的艺术震撼力，总而言之，新的趋势使得新式遮阳构件一方面具有完善的遮阳功能，另一方面具有令人赏心悦目的心理功效，未来的遮阳设计将是现代高技术和精致美学的完美体现。

绿色建筑是当今建筑设计的主流，建筑遮阳是绿色建筑的重要环节。优秀的建筑遮阳设计应该综合考虑室内采光、通风、视线等因素，使遮阳设施最大限度地发挥其对于自然的调节和控制作用，充分利用积极因素为人们创造更宜人的室内环境。

第五节　绿色智能建筑设计

目前，国内外绿色建筑与建筑节能的科技有了不少成果，积累了一些经验，在很大程度上促进了我国住房和城乡建设领域的科技创新及绿色建筑与建筑节能的深入开展。尤其是智能化技术在绿色建筑中的应用，在运营管理阶段能够有效地降低能耗、减少排放，为人们提供一个舒适的人居环境。所以，对绿色建筑中智能化技术的应用进行分析和研究是具有重大意义的。

一、绿色建筑与智能化技术的概述

所谓绿色建筑指的是在建筑的全寿命周期内，最大限度地节约资源（节能、节地、节水、节材）、保护环境和减少污染，为人们提供健康、适用和高效的使用空间，与自然和谐共生的建筑。按照评价来分类，它主要可分为两个阶段，即设计阶段评价和运行阶段评价。

智能化技术是一门新的、多学科交叉的应用技术，广泛运用于建筑之中，建筑智能化技术主要包括通信网络技术、计算机技术、自动控制技术、消防与安全防范技术、声频与视频应用技术、综合布线和系统集成技术。分别对应楼宇自动

化系统、通信自动化系统、办公自动化系统。建筑物利用系统集成方法，将现代计算机技术、自动控制技术、现代通信技术、智能控制技术、多媒体技术和现代建筑艺术有机结合，通过对设备的自动监控及对信息资源的有效管理，来降低能源和资源的消耗，使建筑物能够为人们提供安全、高效、舒适、便利的生活环境。而未来的智能化建筑则将以建筑物为平台，兼备信息设施系统、信息化应用系统、建筑设备管理系统、公共安全系统等，集结构、系统、服务、管理及其优化组合为一体，向人们提供安全、高效、便捷、节能、环保、健康的建筑环境。目前，我国智能化技术在绿色建筑中的应用发展经历了传统智能化系统、定制智能化系统和可持续智能化系统三个阶段，并且仍然在不断创新与发展之中。

二、智能化技术在绿色建筑中的应用

（一）智能信息集成系统的应用

在绿色建筑智能化项目的建设中，最终需要建设一套信息集成系统，通过集中采集、全面分析、综合协调以及智能管控手段，最大限度地发挥各子系统的能力。智能建筑信息集成系统集成楼宇自控系统、安全防范系统、火灾自动报警系统、背景音乐与广播系统、一卡通系统、门禁系统、停车场系统、多媒体显示系统、网络系统、地热、水源热泵系统及综合联动功能等，通过对各子系统的集成，有效地对建筑内各类设备进行监控，实时查看对应的视频图像，当发生报警时能有效地对建筑内各类事件进行全局的联动管理。并且在节能上，智能建筑信息集成系统可以对多子系统间的数据和外部系统的信息进行综合分析，对相关设备进行统一调度，以实现最优化运行；一套良好的设备信息集成系统，能够有效地对设备进行巡检，结合设备与运营要求，合理调配设备的维护、运行时间及运行负荷，保持设备最佳运行模式和状态，从而延长设备寿命；智能建筑信息集成系统通过采集冷热机组、冷水机组、智能照明及各种计量仪表的运行数据，进行统计和对比分析，给出节能建议甚至节能操控；对各种节能系统的电力消耗和产生/节省的能量进行准确计算，统计出各种设备的节能效率，为设备后续的合理使用提供科学的数据依据。

（二）环境监测技术的应用

对建筑的环境监测主要是通过智能传感器等智能监测技术，采集、存储及分析相关数据，以便于对相应系统进行统筹控制。具体包括以下几个方面。

1. 建筑遮阳设备的监控

建筑遮阳系统的传统作用是通过降低"过热"和"眩光"来提高室内热舒适性和视觉舒适性，同时提供隔绝性。

目前，通过设置遮蔽不透明或透明表面的设施来限制投射在建筑上的太阳辐射是比较通常的做法。建筑遮阳的应用不仅需要考虑建筑所在的地理位置、建筑朝向、建筑物类型、使用用途、技术经济指标等因素，其应用效果还与遮阳系统的调节、控制方式有关，不同的调节方式对室内空调能耗的影响很大，尤其是对活动外遮阳系统的使用效果影响更大。

2. 智能照明控制系统

智能照明控制系统不但可以控制照明模式，同时针对单体照明回路实现个性化调节，以达到节约能源、延长灯具使用寿命的目的；提供舒适的生活和工作环境，避免翘板开关产生的电磁污染，最大限度地实现绿色建筑的节能、节材。

智能照明控制系统具有集成性、自动化、网络化、兼容性和易用性的特点。

3. 空调与通风控制系统

通过智能化技术控制空调与通风系统，自动调节室内温度、湿度、空气流速、空气品质及其他影响冷热舒适性的环境指标，从而提高冷热舒适性。

三、能源资源控制管理系统的应用

建筑能源监测管理系统是将建筑物或建筑群内的变配电、照明、电梯、空调、供热、给排水等能源使用状况实行集中监视、集中管理和分散控制的管理系统，是实现建筑能耗在线监测和动态分析的软硬件系统的统称。比如节能电梯的监控系统，由于电梯的实际运行情况存在负载量不均匀、经常出现空转等现象，造成大量的电能浪费，同时也使扶梯配件磨损严重，增加了用户的运营和维护成本。而节能电梯以及电梯监控系统的应用可以大大节约电梯用电量。尤其是变频调速控制自动扶梯的运用，使得电梯的节能效果和使用效果都达到了最佳状态。再比如节水与水资源利用。绿色建筑的水资源应结合区域的给排水、水资源、气候特点等客观因素对水环境进行系统规划，合理提高水资源循环利用率，减少市政供水量和污水排放量，保证方案的经济性和可实施性。

四、楼宇自动化系统的应用

楼宇自动化系统主要是运用自动控制、计算机、通信、传感器等技术，实现设备的有效控制与管理，保证建筑设施的安全、可靠、高效、节能运行。尤其是变频节能技术、先进的控制算法、综合控制策略可以通过减少设备运行时间或降低设备运行强度来实现节能。同时在一定程度上降低设备的磨损与事故发生率，大大延长设备的适用寿命，减少设备维护成本。

五、通信系统的应用

通信系统是现代建筑不可或缺的组成部分，可以为用户提供及时有效的信息传送服务。随着建筑功能的不断扩展，信息化需求也不断提高，通信系统逐渐实现了语音、图像等相结合的形式，达到一种综合系统，尤其是在绿色建筑中的应用，使得通信系统的节能、环保、低碳及提高建筑的舒适性、便利性和安全性等要求更高。智能建筑的通信系统的应用非常广泛，如数据传输主要依靠计算机网络系统、语音传输涉及程控电话系统、移动通信系统、无线对讲系统、会议系统、背景音乐与广播系统、同声传译系统等；图像传输涉及卫星与有线电视系统、远程视频会议系统等。

智能化技术在绿色建筑中的应用将是现代建筑发展的必然趋势，智能化技术能够有效降低能耗、减少排放，为人们提供舒适的人居环境。结合相关智能技术的应用经验，不断促进智能化技术的普及，促进绿色建筑的节能环保之路不断前进，充分重视绿色建筑以及智能化技术在节能环保上的重要作用，从而更好地践行我国建设环保型社会的理念。

第六节 绿色建筑可再生能源利用技术

一、可再生能源建筑应用技术发展的现状

（一）太阳能建筑应用技术

从目前来看，太阳能在建筑领域的应用主要有光热利用、光电利用两种形式，具体包括太阳能热水制备技术，太阳能供暖／供冷技术，太阳能绿色照明技术，与建筑一体化相关的太阳能发电技术，太阳能与其他能源组合供能技术等等。光—电技术所解决的是化石能源发电势必面临的世界动力源缺失问题。而光—热技术解决的是节能建筑中的能源消耗问题。这两个技术领域，所针对的两大问题是能源总体问题的不同层面，对传统能源的替代是根本性的战略选择，而节约不可再生能源应是人类重要的责任。发展太阳能发电技术包含两个层面的内容，一是太阳能发电能力的提升，包括太阳能电池的材料革新技术；二是由实验室转化为现实应用的场域转换推进技术，如何以技术创新为突破口，开发高效、低成本的新型太阳能电池，将是开发光—电技术的基础与核心。而太阳能发电网络的基础框架整合技术，即区域性或全局性的太阳能发电网络建设技术，涉及社会现实层面运用的深度和广度，必须引起广泛重视。

（二）热泵建筑应用技术

（1）由商住区域向生产生活过程推进，将来的地源热泵系统不仅用于一般住宅和办公用户的供热和制冷，更趋向于将供热的废弃能量（冷能）和制冷的废弃能量（热能）综合利用。

（2）采热与传热技术一体化趋势。随着新材料和新工艺的开发，将来的地源热泵系统可能将热泵的转换系统与地上散热系统一体化，使采热和传热的效率更高。

（3）基础设施化的趋势。在未来，充分利用建筑物的空间和周边的自然环境和自然能源，因地制宜地设计，制造和配套安装相应的地源热泵系统，使地源热

泵系统成为基础设施之一，也将成为一种趋势。

（三）生物质能建筑应用技术

虽然目前生物质能领域在研发和应用方面相对于热泵、太阳能领域较为薄弱，但具有很大发展空间和潜力。生物质能是以有机废弃物和利用边际土地种植的能源植物为主要原料生产出的一种新兴能源，而且是一种唯一可再生的碳源。按照其特点及转化方式可分为固体生物质燃料、液体生物质燃料、气体生物质燃料。生物质能分布广泛，在我国主要包括农业废弃物、薪柴、人畜粪便、城市生活有机废水及生活垃圾和农产品加工业排放的高浓度有机废水。使用生物质能的显著优点是污染小，可利用气化和液化技术将生物质转化成高品位的燃料气和燃料液。目前世界很多国家都非常重视生物质能的开发，相继制订系列重大计划，实施重大工程项目，而我国对这一能源的利用也极为重视，已连续在四个五年计划中将生物质能利用技术的研究与应用列为重点科技攻关项目，开展了生物质能利用技术的研究与开发，如户用沼气池、节柴炕灶、大中型沼气工程、生物质压块成型、气化与气化发电、生物质液体燃料等，取得了多项优秀成果。

二、可再生能源建筑的未来发展方向

（一）太阳能建筑应用

太阳能建筑应用今后的发展方向主要是：开发太阳能集热器与建筑结合的构配件。开发生产和太阳能集热器配套，使集热器可与建筑围护结构一体化结合安装的系列构配件；这些构配件既可以用于集热器之间的安装连接，构成不同尺寸，组合的集热器模块，也可用于集热器和建筑围护结构之间的结合安装；构配件根据企业产品的材质、形状、尺寸、重量等自身特点设计，与集热器本体一起组合成为一套完整的可与建筑结合的产品体系，从而保证了结合安装的质量，给工程设计人员带来便利。

（二）促进平板型太阳能集热器的技术进步

开发生产高性能平板型太阳能集热器。包括开发具有自主知识产权的选择性涂料，可在金属表面喷涂，并有较长时间的工作寿命，性能不退化以及金属表面选择性涂层的制作，喷涂工艺。

开发高透射率、高强度的盖板材料，盖板的密封技术，以及盖板、吸热板间层空间的真空技术和工艺。

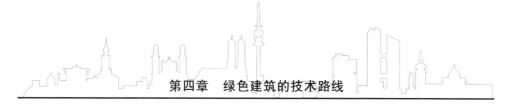

（三）推进太阳能供热采暖工程的规模化应用

增加与建筑相结合的太阳能供热采暖市场份额，推广试点工程经验，提高与建筑结合和系统的整体设计技术水平；使建筑设计院、建筑设备安装企业成为设计、施工安装主体。加强对相关国家标准、设计手册、标准图集的宣传和培训力度；编制太阳能供热采暖设备、系统的工程概预算定额，列入地方的工程概预算定额本。

（四）在适宜地区进行太阳能、地热能综合利用的试点示范

季节蓄热太阳能供热，采暖系统与地埋管地源热泵系统的综合利用，在寒冷地区季节供暖负荷大于夏季制冷空调负荷的地区，以及冬季供暖负荷大与夏季制冷空调负荷的建筑物比较适用；与单纯土壤季节蓄热太阳能供热采暖系统相比，太阳能、土埋管地源热泵综合利用系统可降低投资，提高系统的性价比，选择适宜项目，积极试点。

三、绿色建筑中可再生能源的复合应用技术

（一）土壤能和太阳能复合应用技术

将土壤能热泵与太阳能结合，就构成了太阳能土壤源复合热泵系统，这其中包括三大组成部分，具体为热泵工质循环系统、地下埋地盘管换热系统和太阳能集热系统。相较于常规热泵系统而言，太阳能土壤源复合地泵系统由埋地盘管系统和太阳能集热系统交替为热泵提供低位热源。作为一种取之不尽、用之不竭的可再生能源，土壤能与太阳能二者若是以单一能源应用则或多或少会受到环境的制约而影响制热量，但若是采用二者相结合的方式则能够更好地达到取长补短的效果。由于太阳能热泵极易受到气候条件的影响，而土壤源的应用则很好地克服了这一缺点，加之太阳能装置的增加也是对土壤源热泵制热量不足问题的有效弥补，同时埋地盘管多和制热效率低的问题也得到了解决。通过间歇运行的方式恢复土壤温度，提高土壤源热泵的性能系数。此外，在夜间和阴雨天气条件下，太阳能热泵也可以在适宜的热源温度下运行，节省了辅助热源和储热水箱的能量消耗。

（二）自然风与太阳能复合应用技术

随着城市越发密集，民众对应的生活空间也越发密闭，这迫使人们更加迫切地希望去思考绿色建筑，渴望消除病态建筑综合征的影响。基于此，自然通风技

术的应用重新进入人们的视野。自然风是回归自然需求的一种体现，同时它也满足了人们亲近自然的心理需求。通常而言，随着风向变化和室外风速变动对应的风压变动也较为明显，受到朝向和区域的限制风压是个不稳定因素，这决定了它在建筑中应用的局限性。但热压却是相对稳定的，热压主导下的自然通风效果很大程度上会受到室内外开口高度差和温度差的影响，因此要想强化自然通风可以提高室内外开口高度差和温差，这其中借助太阳能的热能辅助无疑是有效的方法之一。将建筑围护结构与太阳能热能利用技术结合，通过被动式冷却和建筑围护结构达到室内热环境改善的目的，在减少建筑能耗、提高空气质量的同时也尽可能地利用了自然环境的积极作用。这是由于太阳辐射能量热压产生后造成空气流动，最终热能转化为空气动能。现阶段太阳能烟囱是太阳能强化自然通风的主要结构形式，同时也是最为简单且经济的一种形式。

（三）蒸发冷却和自然风复合应用技术

在改善室内空气品质方面，新风的作用举足轻重，在室内引入一定量的新风能够促进人体舒适感的增加。同时，新风还能够承担一定的室内冷负荷，在改善房间空气质量的同时达到免费供冷的目的。基于此，有学者成功构建了组合变风量空调系统，这一系统由常规全空气系统和新风输送系统构成，其中常规全空气系统用来处理回风，位置在空调机房之内，而新风输送系统则不对空气实施热湿处理，位置在空调房间吊顶之内。考虑到夏季设计风量要小于空调系统的总风量，所以夏季在进行系统风量设计时可适当增加，这样一来过渡季便可通过新风供冷而对冷水机组的运行时间进行合理控制。所谓夜间通风蓄冷，主要是指夜间在室内引入室外的自然冷风，实现室内空气、家具和围护结构与自然冷风之间的换热，这就完成了蓄冷和预冷操作，到了白天便可将这一蓄存冷量向室内供给。夜间通风引入了大量的室外新风，实现免费供冷的同时也是对室内空气环境的改善，人体身心健康得到了保证。值得注意的是，当内部设施蓄冷能力不能达到预期的降温效果时，还需开启人工制冷的方式，针对建筑围护结构蓄冷的特性，可联合应用蒸发冷却技术，将送风器与间接蒸发冷却器相串联，利用蒸发冷却原理达到控制送风温度的目的。

四、可再生能源应用中需要注意的问题

（1）在太阳能强化自然通风中，开发新型的蓄能材料和提高蓄能效率，更加

充分地利用太阳能，提高自然通风的驱动力是关键；在强化自然通风设计中，要注意与建筑的配合，和谐为美，打造生态建筑的典范。

（2）在太阳能与地热复合利用中，由于太阳能集热器的传热性能和集热效率对整个系统的性能及经济性影响很大，因此有必要进一步研究各种新型高效的集热器，以适应不同地区不同太阳能资源的分布。同时，要深化埋地换热器与土壤间的热湿传递以及土壤本身的蓄能机理研究，以优化设计换热器。

（3）在自然风与蒸发冷却技术结合的复合空调系统研究中，首先需要进一步通过模拟或实验证实该系统的节能性和舒适性，进而确定该复合系统的区域适用性，该系统在哪些地区使用具有较广阔的前景，然后需探讨各个子系统在供冷期的优化运行模式，从而制订出较为可行的控制方案，开发出成套的设备产品。

（4）要积极寻求新的可再生能源的复合应用方式（包括潮汐能、生物能等）及其可行性，探索其产业化的道路。

第七节　绿色建筑雨水、污水再生利用技术

一、雨水回收

近些年来，我国的城市化进程不断加快，城市化建设将建筑屋面、路面、广场、停车场等均进行了表面硬质化处理，使原有的植被、土壤被不透水或弱透水地面所覆盖，大量的雨水以地面径流的形式排出，而地面入渗量大为降低。如此造成地下水补给不足、土壤含水率低、空气干燥、洪峰流量容易形成、水涝灾害频繁出现的不利影响。建筑与小区雨水利用是水资源综合利用中的一种新的系统工程，对于实现雨水资源化、节约用水、修复水环境与生态环境、减轻城市洪涝有重要意义。本文将对我国的雨水资源利用现状，绿色建筑节能中雨水资源利用的意义，以及雨水利用中雨水入渗、收集回用、调蓄排放三种形式做出重点分析。

我国属于亚热带季风气候，降水量相对比较丰富，降水比较集中，雨水资源

是我国整体水资源的重要组成部分，但开发利用的技术难度大，效果比较差。伴随着我国工农业的高速发展，工农业用水量和居民生活用水量不断飙升，水资源日益短缺，因此，加强对雨水资源的开发利用，是我国缓解用水紧张的重要举措。发展雨水开发利用技术，建立雨水利用工程，有着重要的经济效益及其客观的生态环境效益，有助于贯彻落实我国的可持续发展战略，是促进我国生态文明建设、和谐社会建设进程的客观要求。

（一）我国的雨水资源收集利用的现状

我国的雨水资源从总体而言，蕴藏量丰富，但是，由于雨水季节性变化大，时空分布极其不均衡，使得在很长一段时间，我国对雨水资源的利用远远落后于其他发达国家，可以说，我国在雨水资源开发利用上起步较晚。

其次，我国雨水资源开发利用的技术水平比较低，从对雨水的收集、净化、存贮等各种细节，对蓄水池、入渗池、井、草地、透水地面组成的雨水收集和利用装置都有着一定的技术设备要求，而我国在雨水收集系统、净化系统、贮藏、分流系统上发展都不够完善。技术的落后，系统的不完善，使得对雨水资源的利用率低，造成了很多雨水资源的流失浪费。

（二）雨水资源收集利用的重要意义

雨水蕴藏量丰富，污染性小，无需太多的加工净化成本，可以说是一种最为直接、最为廉价的水资源。作为一种补充性能源，加强收集利用，不仅可以大大缓解我国目前水能源紧缺、水污染严重的压力，更可以促进能源利用效率的提高，可以有效地减少能源浪费，减少环境污染，有助于优化我国的能源利用结构，促进节能减排的步伐，促进环境保护的进程，促进生态和谐。

雨水资源可以应用的范围广泛，可以有助于提高居民生活的质量。在居民的小区安装雨水集成系统，进行雨水的收集，简单处理，实施贮藏，然后可以广泛地运用于居民日常生活的洗漱，园林的浇灌，漂洗衣服，冲洗厕所，洗车等一系列生活场景，更可以通过对雨水资源的贮藏，在一定的情况下，作为一种消防灭火的有效措施。同时，加大对雨水的收集，可以有效地减少地表径流，减少居民去雨水排水压力，避免了城区水患的发生，避免了雨水落下受到污染，促进了整个居民区的排水安全。

（三）雨水资源在绿色建筑中的主要利用形式分析

1. 雨水的渗入利用

雨水的渗入利用是雨水资源最基本的利用形式之一，是地下水补给的重要来源，对整个地下水循环系统有着极其重要的影响，一般当雨水降落之时，应分具体情况进行雨水的入渗利用，绿地上应直接促进雨水的下渗，让雨水直接渗入地表，成为地下水的重要组成部分，在一些广场或者是交通道路等比较坚硬的路面，在进行路面设计的时候，可以设计留下渗水孔，在一些位置布置透水路面，在绿色建筑的房顶，可以选择种植一些绿色植被，既可以保证雨水的正常下渗，又可以营造出绿色清洁的生态环境，具有良好的经济效益和生态效益。在绿色建筑小区的路面施工时，路面要高于路边的绿地，但要进行实地勘测，保证雨水降落时可以顺利流入绿地。加强雨水渗入，不仅仅可以保证地下水的正常循环，还可以保持城市空气的清新湿润，促进整个城市生态系统的平衡。

2. 雨水的收集回用

雨水的回用主要是在雨水来临之时，采取一定的装置系统，采用合理科学的方式，将雨水收集起来，集中净化处理，并采取科学手段进行雨水的存贮，通过一定的方法进行处理后，根据净化后不同的水质，做出不同的应用选择，比如可以将雨水收集处理后，当天气干旱时进行绿化用地的浇灌，城市水池、喷泉的补水，进行洗车，清洗路面等多种用途。绿色建筑中，通过各种方式将雨水收集净化，可以用于洗浴，冲洗卫生间，浇灌花木等。既可以节省各种用水成本，有实现了水资源的多元化利用。

3. 雨水的调蓄排放利用

我国是亚热带季风气候，降雨不均匀，旱灾比较严重，当雨季来临时候，会形成很大的地表径流，如果渗入系统不完善，容易形成水灾或者涝灾，必须采取合理的措施进行梳理调蓄，比如修建蓄水池、水库等，将某一区域的雨水径流都集中储蓄起来，当旱季来临时，开闸放水，既可以用于农业、园林的灌溉，缓解旱情，又可以减少水灾旱灾的发生。同时，通过对雨水资源的调蓄，很大程度上解决了水资源分布时空不均的问题，可以促进区域整体的生态和谐。

（四）我国雨水资源收集利用的发展趋势

（1）我国的雨水资源的开发利用朝着规模化、规范化、产业化的趋势发展。各种不同的雨水收集利用系统得到开发，雨水收集利用技术不断得到突破，国家大力支持，制定实施了一系列的雨水利用标准，对居民住宅，商业用水，工业雨水利用等各个领域的雨水利用，从雨水利用系统的设计安装方面进行了严格监督。对雨水收集、过滤、净化、贮藏等多个环节实施了监控，并确立了一系列利用标准。各种雨水资源开发利用的规范不断建立，以我国北京为例，在21世纪初期便制定了包括雨水利用规划内容的"21世纪初期首都水资源可持续利用规划"。城市雨水利用已在北京乃至全国引起重视并迅速开展起来，并正走上由示范到普及的健康发展之路。

（2）雨水资源开发利用的集成化加快，国际间的技术交流合作密切。认识到雨水资源的重要作用，世界雨水协会成立，我国加入并不断加强交流合作，实现了国际雨水开发利用的合作，雨水开发利用中从屋面雨水的收集、截污、储存、过滤、渗透、提升、回用到控制都有一系列的定型产品和组装式成套设备。雨水利用技术的国际共享和针对不同的情况采取适用的集成设备已逐渐成为大的趋势。

（3）雨水利用功能的多功能化趋势明显。通过采用先进技术和设备对雨水进行收集利用，并采取了一定的措施，促进雨水资源的开发和节约用水，不仅提高了居民的生活质量，更促进了整个居民区的排水系统的优化，减少了地表径流，缓解了居民建筑区的排水压力，同时，在新的世纪中，对雨水的利用不仅应用于居民的生活生产，更不断地在工业用水上实现了突破，更应用于环保和资源能源领域，水资源的利用朝着多功能方向发展。

雨水资源作为一种成本低，水质好，开发简单的资源，其独有的优势必将成为我国很长一段时期要不断研究开发的能源之一，加强对雨水资源开发利用技术设备的研究，提高雨水资源利用效率，促进我国经济进步和环保事业的发展，实现经济效益、生态效益的全面提高。

二、污水再生技术

（一）污水回用的意义

用水量的增加对现有水资源的压力越来越大，人们开始意识到污水回用是一种非常可靠的供水水源，成功的污水回用工程越来越多，供水和污水处理行业越来越意识到污水再生利用的经济和环境效益。为满足高水质标准而进行污水处理厂更新改造的成本不断增加，污水回用越来越受到人们的重视。将废水或污水经二级处理和深度处理后回用于生产系统或生活杂用被称为污水回用。污水回用的范围很广，包括工业上的重复利用水体的补给水以及生活用水。污水回用既可以有效地节约和利用有限的和宝贵的淡水资源，又可以减少污水或废水的排放量，减轻水环境的污染，还可以缓解城市排水管道的超负荷现象，具有明显的社会效益、环境效益和经济效益。

污水回用在发达国家已得到广泛应用，而且越来越多的行业已经开始利用处理后的污水。美国加利福尼亚州有 200 多个污水回用厂，每年为 850 多个用户提供回用水（非饮用水）约 4.96 亿 m^3。污水回用受到越来越重视的原因主要包括：人口增加和用水量的增加对现有水资源的压力越来越大；人们开始意识到污水回用是一种非常可靠的供水源；成功的污水回用工程越来越多。目前，污水处理技术尽管很多，但其基本原理主要包括分离、转化和利用。分离是指采用各种技术方法，把污水中的悬浮物或胶体微粒分离出来，从而使污水得到净化，或者使污水中污染物减少至最低限度。转化是指对已经溶解在水中、无法"取"出来或者不需要"取"出来的污染物，采用生物化学、化学或电化学的方法，使水中溶解的污染物转化成无害的物质，或者转化成容易分离的物质。

（二）建筑污水再生回用

根据建筑物性质不同建筑可分为住宅、公共建筑和工业建筑，建筑用水由室内用水和室外用水组成。按建筑用水的用途又可分为生活用水、生产用水、消防用水、其他用水（景观环境用水、绿化和浇洒道路用水、工艺设备用水、车辆冲洗和循环补充用水、不可预见用水等）。非传统水源利用是关键，其基础是非传统水源利用的水量平衡。但是，我国目前尚缺乏非传统水源利用水量平衡的指南和规范，大多沿用《建筑中水设计规范》的水量平衡设计思路，以年为单位进行水量平衡设计，致使多数项目实际用水与水量平衡差异较大。

第八节　绿色建筑暖通技术

一、绿色建筑暖通技术的概述

（一）绿色建筑暖通技术的主要内容

从大的层面来讲，新时期的暖通技术不仅关系到我国能源结构的调整问题，其也与是否能够实现可持续发展，满足人民大众的需要密切相关。所以我们必须找到更为合理的暖通技术，来解决我国能源结构不均衡、人均能源占有量少的问题。绿色建筑暖通技术就是为解决这些难题的新构想。常见的绿色暖通技术主要包括三个方面：采暖、通风以及空调等。提高绿色暖通技术的应用质量的关键便是在于协调好三方面之间的关系，也就是将光、热、空气在最恰当的阶段进入建筑，并对其进行适当储备和分配。它的目标是选择最合理的途径来最大化利用光、热、空气等自然资源。让自然资源代替有限的能源来解决日常生活耗能问题，最大化地节省我国现有的能源。

（二）实现绿色建筑暖通技术的必要性

我国是一个少油，贫气，相对来说富煤的国家，从能源结构上来说社会发展的主要动力都主要来自进口石油和自产煤炭方面。日常生活石油和天然气的大量需求增加了我国的进口压力，使我国的国民经济呈负增长状态。虽然我国的煤产量较其他国家来说是较高的，但近些年为了满足国民的需要和对外出口而逐年增大煤的开采量，使得全国可采煤矿的数目已经呈现出逐年下滑的趋势。尽管有的地方相继发现了比较大的煤矿，但是采出的质量大不如以前。在我国能源的消耗上，城市建设中的暖通工程消耗了我国每年整体耗能量的接近 30%。并且伴随着近年来的经济危机，全球经济正处于一个相对的衰退期，陈旧的暖通技术得不到相应的改进，因而在能量利用效率上也没有提升的空间。这个问题不得不引起我们的高度重视。同时为了与时俱进，满足时代的发展需要，我们要大力倡导节能环保，绿色经济，而绿色建筑暖通技术正符合当代要求。

（三）现阶段我国供暖技术存在的问题

我国严寒和寒冷地区以及中部地区都需要供暖，燃烧煤来供暖会对大气造成污染。供暖使用的供热锅炉主要以中小燃煤锅炉为主，量大面广。由于中小锅炉烟气排放高度低，对城市环境空气的污染相对较大。烟气中的硫、氮氧化物将引发酸雨等环境污染，使我们的健康问题受到严重威胁。同时近年来出现的建筑物被严重腐蚀的状况也和酸雨有关，给我国的经济造成严重损失。在利用空调来进行冬季供暖时，我们通常会直接排出暖通技术空调系统中放出的热量，这样就影响到资源的利用率，也会影响到周边地区人们的生活。伴随着近年来的经济危机，全球经济正处于一个相对的衰退期，我国经济发展也受到影响。由于供暖技术的发展和变化，特别是建筑市场竞争激烈，需求日益现代化、多样化、重视国外技术的移植与引进，而节能、环保、绿色等概念的影响及我国能源结构的调整，对暖通设备设计的挑战越来越严峻。我国陈旧的暖通技术得不到相应的改进，因而在能量利用效率上也没有提升的空间，最终使得我国在供暖技术方面没有很强的竞争力。

二、绿色建筑的暖通技术

（一）暖通技术在建筑中的应用

在建筑通风设计中，也可以合理应用自然力量，以往没有暖通设备，通过自然风就可以实现建筑物内部的换气，比如我国传统建筑中，南北过堂风比较常见，将自然风给有效应用了过来。这启发我们利用暖通设备在无法利用自然风的建筑中起到通风的作用。暖通技术还应用于空调改进方面，暖通空调系统能耗占建筑物能耗的二分之一，从而减少了建筑物的整体能耗，提高了系统的运行效率。建筑暖通空调系统也可以有效聚集储存在地能当中的热量。如果有着较高的环境温度，它可以收集和释放室内热量，以此来有效制冷处理建筑结构室内环境。暖通空调还能控制太阳辐射。增加进入室内的太阳辐射可以充分利用昼光照明，减少电气照明的能耗，减少照明引起的夏季空调冷负荷，减少冬季采暖负荷。地源热泵中也应用了暖通技术，它全年都有着稳定的运行工况，要想实现冬季的供热和夏季的制冷，只需要借助于任何其他的辅助设备就能够实现。

（二）对未来绿色建筑暖通技术的展望

随着科技的发展，不远的将来锅炉自动控制、换热站自动控制、无人值守自动供热机组等将得到广泛应用、自动化控制水平的提高，不仅保证了供热的可靠性，而且提高了供热效率。利用锅炉自动控制，分层给煤燃烧，水泵、风机的变频调速等技术，高效省煤器等降低锅炉房能耗指标。

在暖通技术的废物利用方面，垃圾焚烧可实现垃圾的无害化、减量化及资源化，将垃圾焚烧产生的热能用于供热或发电，使城市垃圾成为新能源变为可能，这既有利于环境保护，又可获得较好的经济效益。暖通技术在蓄冷方面也将飞速发展，它将利用夜间电力低谷时段制冷，将冷量以冰或水的形式储存在蓄冷设备中；在电力高峰时段，将储存的冷量释放出来供给空调使用，达到电网的移峰填谷、节省运行电费、节能环保的目的。

通过实现绿色建筑暖通技术，我国将对现有的能源进行有效的利用，缓解我国对外能源进口的压力。对于我国人口基数大和能源短缺而引起的人均能源占有率少的问题，我们也可以利用绿色建筑暖通技术来进行调节。所以现阶段我国应重视对绿色建筑暖通技术的落实，让我国的能源有效利用率赶超其他国家，进而提高我国综合国力。

第五章
绿色建筑节能设计概论

构建社会主义和谐社会，建设资源节约型社会，实现社会经济的可持续发展，是全社会共同的责任和行动。我国是耗能大国，建筑能源浪费更加突出，据相关部门统计，建筑能耗已占全国总能耗的近30%。据有关部门预测，到2020年，我国城乡还将新增建筑 $300 \times 10^8 m^2$。能源问题已经成为制约经济和社会发展的重要因素，建筑能耗必将对我国的能源消耗造成长期的巨大的影响。

建筑节能是缓解我国能源紧缺矛盾、改善人民生活工作条件、减轻环境污染、促进经济可持续发展的一项最直接、最廉价的措施，也是深化经济体制改革的一个重要组成部分；对全面建设小康社会，加快推进社会主义现代化建设的根本指针，具有极其重要的现实意义和深远的历史意义。在可持续发展战略方针的指导下，我国先后颁布了多项环保法规和节能法，节能成为我国的基本国策，人们越来越认识到能源对人类发展的重要性。

第一节　绿色建筑节能基础知识

随着人民生活水平的提高，建筑能耗将呈现持续迅速增长的趋势，加剧我国能源资源供应与经济社会发展的矛盾，最终导致全社会的能源短缺。降低建筑能耗，实施建筑节能，对于促进能源资源节约和合理利用，缓解我国的能源供应与经济社会发展的矛盾，有着举足轻重的作用，也是保障国家资源安全、保护环境、提高人民群众生活质量、贯彻落实科学发展观的一项重要举措。因此，如何降低建筑能源消耗，提高能源利用效率，实施建筑节能，是我国可持续发展亟待研究解决的重大课题。

我国建筑节能工作的实践充分证明，积极推进绿色建筑和建筑节能设计，有利于保证国民经济持续稳定发展，有利于改善人民生活和工作环境，对于构建社会主义和谐社会起着十分重要的作用。根据我国的基本国情，节约建筑用的能源是贯彻可持续发展战略的一个重要方面，是执行节约能源、保护环境基本国策的重要组成部分。

一、绿色建筑节能概述

随着社会经济和文明的快速发展，人民的生活和精神需求也大幅度提高，期望生活条件得到较大的改善。在这个方面首要的就是对居住条件的改善。但是，近些年来，伴随着社会的进步，生态环境正遭受着严峻的考验。人口剧增、资源匮乏、环境污染、气候变化和生态破坏等问题，严重威胁着人类的生存和发展。在严峻的现实面前，人们逐渐认识到建筑带来的人与自然的矛盾以及建筑活动对环境产生的不良影响。建筑能否重新回归自然，实现建筑与自然的和谐，发展"绿色建筑"也因此应运而生。

绿色建筑是一种新的建筑设计理念，在其正常的生命周期内部，设计合理，施工规范，维护成本低，维护周期短。既可以满足人们最基本的生活需求，为居民创造出健康、舒适、安全、生态的生活工作空间，也可以做到资源的最大化利用，最大限度地节约资源能源，同时大幅度地降低各种消耗，保护生态环境，减少各种建筑施工污染。绿色建筑要求实用性和生态性结合，促进人与自然的和谐相处，这种建筑设计理念不仅可以很大程度地提高人们的生活质量，又可以促进绿色环保节能的进程，日渐成为我国建筑行业的发展趋势。

（一）绿色建筑的不同理论

众所周知，建筑物在其规划、设计、建造、使用、改建、拆除的整个生命周期内，需要消耗大量的资源和能源，同时还会造成严重的环境污染问题。据统计，建筑物在其建造和使用过程中，大约需消耗全球资源的50%，产生的污染物约占污染物总量的34%。对于全球资源环境方面面临的种种严峻现实，社会和经济包括建筑业可持续发展问题，必然成为全社会关注的焦点。绿色建筑正是遵循保护地球环境、节约有限资源、确保人居环境质量等一些可持续发展的基本原则，由西方发达国家于20世纪70年代率先提出的一种新型建筑理念。从这个意义上讲，绿色建筑也可称为可持续建筑。

关于绿色建筑的定义，由于各国经济发展水平、地理位置、人均资源、科学技术和思想认识等方面的不同，在国际范围内，其概念目前尚无统一而明确的定义。各国的专家学者对于绿色建筑的定义和内涵的理解也不尽相同，存在着一定的差异，对于"绿色建筑"都有各自的理解。

近年来，绿色建筑和生态建筑这两个词语已被广泛应用于建筑领域中，多数人认为这二者之间的差别甚小，但实际上存在一定的差异。绿色建筑与居住者的健康和居住环境紧密相连，其主要考虑建筑所产生的环境因素；而生态建筑则侧重于生态平衡和生态系统的研究，其主要考虑建筑中的生态因素。特别要注意的是，绿色建筑综合了能源学、健康舒适相关的一些生态问题，但这不是简单的加法，因此绿色建筑需要采用一种整体的思维的和集成的方法去解决问题，必须全面而综合地进行考虑。

（二）绿色建筑的基本内涵

根据国内外对绿色建筑的理解，绿色建筑的基本内涵可归纳为：减轻建筑对环境的负荷，即节约能源及资源；提供安全、健康、舒适性良好的生活空间；与自然环境亲和，做到人及建筑与环境的和谐共处、永续发展。概括地说，绿色建筑应具备"节约环保、健康舒适、自然和谐"3个基本内涵。

（1）节约环保：绿色建筑的节约环保就是要求人们在建造和使用建筑物的全过程中，最大限度地节约资源、保护环境、维护生态和减少污染，将因人类对建筑物的构建和使用活动所造成的对自然资源与环境的负荷和影响降到最低限度，使之置于生态恢复和再造的能力范围之内。

随着人民生活水平的提高，建筑能耗将呈现持续迅速增长的趋势，加剧我国能源资源供应与经济社会发展的矛盾，最终导致全社会的能源短缺。降低建筑能耗，实施建筑节能，对于促进能源资源节约和合理利用，缓解我国的能源供应与经济社会发展的矛盾，有着举足轻重的作用，也是保障国家资源安全、保护环境、提高人民群众生活质量、贯彻落实科学发展观的一项重要举措。因此，如何降低建筑能源消耗，提高能源利用效率，实施建筑节能，是我国实现可持续发展亟待研究解决的重大课题。

通常把按照节能设计标准进行设计和建造，使其在使用过程中能够降低能耗的建筑称为节能建筑。节约能源及资源是绿色建筑的重要组成内容，这就是说，绿色建筑要求同时必须是节能建筑，但节能建筑并不能简单地等同于绿色建筑。

（2）健康舒适：住宅是人类生存、发展和进化的基地，人类一生约有2/3的时间在住宅内度过，住宅生活环境品质对人的发展及对城市社会经济的发展产生极大的影响。人们越来越重视住宅的健康要素。绿色建筑有4个基本要素，即适用性、安全性、舒适性和健康性。适用性和安全性属于第一层次，随着国民经济的发展和人民生活水平的提高，对住宅建设提出更高层次的要求，即舒适性和健康性。健康是发展生产力的第一要素，保障全体国民应有的健康水平是国家发展的基础。健康性和舒适性是关联的。健康性是以舒适性为基础，是舒适性的发展。提升健康要素，在于推动从健康的角度研究住宅，以适应住宅转向舒适、健康型的发展需要。提升健康要素，也必然会促进其他要素的进步。

（3）自然和谐：人类发展史实际上是人类与大自然的共同发展关系史。表现在人与自然的关系上，强调"天人调谐"，人是大自然和谐整体的一部分，又是一个能动的主体，人必须改造自然又顺应自然，与自然圆融无间、共生共荣。山川秀美、四时润泽才能物产丰富、人杰地灵。人类与自然的关系越是相互协调，社会发展的速度也就快。近年来，人类迫切地认识到环境问题的重要性，把环境问题作为可持续发展的关键。环境的恶化将导致人类生存环境的恶化，威胁人类社会的发展，不解决好环境问题，就不可能持续发展，更谈不上国富民强，社会进步。

二、绿色建筑基本要素

绿色建筑指标体系由节地与室外环境、节能与能源利用、节水与水资源利用、节材与材料资源、室内环境质量和运营管理六类指标组成。这六类指标涵盖了绿色建筑的基本要素，包含了建筑物全寿命周期内的规划设计、施工、运营管理及回收各阶段的评定指标的子系统。根据我国具体的情况和绿色建筑的本质内涵，绿色建筑的基本要素具体包括：耐久适用、节约环保、健康舒适、安全可靠、自然和谐、低耗高效、绿色文明等方面。

（一）耐久适用

耐久性是指在正常运行维护和不需要进行大修的条件下，绿色建筑物的使用寿命满足一定的设计使用年限要求，在使用过程中不发生严重的风化、老化、衰减、失真、腐蚀和锈蚀等。

适用性是指在正常使用的条件下，绿色建筑物的使用功能和工作性能满足于建造时的设计年限的使用要求，在使用过程中不发生影响正常使用的过大变形、过大振幅、过大裂缝、过大衰变、过大失真、过大腐蚀和过大锈蚀等；同时也适合于在一定条件下的改造使用要求。

（二）节约环保

在数千年发展文明史中，人类最大化地利用地球资源，却常常忽略科学、合理地利用资源。特别是近百年来，工业化快速发展，人类涉足的疆域迅速扩张，上天、入地、下海梦想实现的同时，资源过度消耗和环境遭受破坏。油荒、电荒、气荒、粮荒，世界经济发展陷入资源匮乏的窘境；海洋污染、大气污染、土壤污染、水污染、环境污染，破坏了人类引以为荣的发展成果；极端气候事件不断发生，地质灾害高发频发，威胁着人类的生命财产安全。珍惜地球资源，转变发展方式，已经成为人类面对的共同命题。

（三）健康舒适

健康舒适建筑的核心是人、环境和建筑物。健康舒适建筑的目标是全面提高人居环境品质，满足居住环境的健康性、自然性、环保性、亲和性和舒适性。保障人民健康，实现人文效益、社会效益和环境效益的统一。健康舒适建筑的目的是一切从居住者出发满足居住者生理、心理和社会等多层次的需求，使居住者生活在舒适、卫生、安全和文明的居住环境中。

（四）安全可靠

安全可靠是绿色建筑的另一基本特征，也是人们对作为生活工作活动场所最基本的要求之一。因此，对于建筑物有人也认为：人类建造建筑物的目的就在于寻求生存与发展的"庇护"，这也充分反映了人们对建筑物建造者的人性与爱心和责任感与使命感的内心诉求。

（五）自然和谐

人类为了更好地生存和发展，总是要不断地否定自然界的自然状态，并改变它；而自然界又竭力地否定人，力求恢复到自然状态。人与自然之间这种否定与反否定，改变与反改变的关系，实际上就是作用与反作用的关系，如果这两种"作用"的关系处理得不好，特别是自然对人的反作用在很大程度上存在自发性，这种自发性极易造成人与自然之间失衡。

（六）低耗高效

低耗高效是绿色建筑最基本的特征之一，这是体现绿色建筑全方位、全过程的低耗高效概念，是从两个不同的方面来满足两型社会（资源节约型和环境友好型）建设的基本要求。资源节约型社会是指全社会都采取有利于资源节约的生产、生活、消费方式，强调节能、节水、节地、节材等，在生产、流通、消费领域采取综合性措施提高资源利用效率，以最小的资源消耗获得最大的经济效益和社会效益，以实现社会的可持续发展，最终实现科学发展。

（七）绿色文明

绿色文明就是能够持续满足人们幸福感的文明。绿色文明是一种新型的社会文明，是人类可持续发展必然选择的文明形态。也是一种人文精神，体现着时代精神与文化。它既反对人类中心主义，又反对自然中心主义，而是以人类社会与自然界相互作用，保持动态平衡为中心，强调人与自然的整体、和谐的双赢式发展。

第二节　绿色建筑节能设计要求

我国是一个人均资源短缺的国家，每年的新房建设中有 80% 为高耗能建筑，因此，目前我国的建筑能耗已成为国民经济的巨大负担。如何实现资源的可持续利用成为亟须解决的问题。

随着社会的发展，人类面临着人口剧增、资源过度消耗、气候变暖、环境污染和生态被破坏等问题的威胁。在严峻的形势面前，对快速发展的城市建设而言，按照绿色建筑设计的基本要求，实施绿色建筑设计，显得非常重要。

一、绿色建筑设计的功能要求

建筑功能是指建筑物的使用要求，如居住、饮食、娱乐、会议等各种活动对建筑的基本要求，这是决定建筑形式、建筑各房间的大小、相互间联系方式等的基本因素。构成建筑物的基本要素是建筑功能、建筑的物质技术条件和建筑的艺术形象。其中建筑功能是三个要素中最重要的一个，建筑功能是人们建造房屋的具体目的和使用要求的综合体现。

绿色建筑设计实践证明，满足建筑物的使用功能要求，为人们的生产生活提供安全舒适的环境，是绿色建筑设计的首要任务。例如在设计绿色住宅建筑时，首先要考虑满足居住的基本需要，保证房间的日照和通风，合理安排卧室、起居室、客厅、厨房和卫生间等的布局，同时还要考虑到住宅周边的交通、绿化、活动场地、环境卫生等方面的要求。

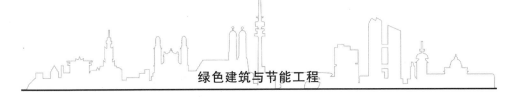

二、绿色建筑设计的技术要求

现代建筑业的发展，离不开节能、环保、安全、耐久、外观新颖等方面的设计因素，绿色建筑作为一种崭新的设计思维和模式，应当根据绿色建筑设计的技术要求，提供给使用者有益健康的建筑环境，并最大限度地保护环境，减少建造和使用中各种资源消耗。

绿色建筑设计的基本技术要求，包括正确选用建筑材料，根据建筑物平面布局和空间组合的特点，采用当今先进的技术措施，选取合理的结构和施工方案，使建筑物建造方便、坚固耐用。例如，在设计建造大跨度公共建筑时采用的钢网架结构，在取得较好外观效果的同时，也可获得大型公共建筑所需的建筑空间尺度。

三、绿色建筑设计的经济要求

建筑物从规划设计到使用拆除，均是一个经济和物质生产的过程，需要投入大量的人力、物力和资金。在进行建筑规划、设计和施工过程中，应尽量做到因地制宜、因时制宜，尽量选用本地的建筑材料和资源，做到节省劳动力、建筑材料和建设资金。设计和施工需要制订详细的计划和核算造价，追求经济效益。建筑物建造所要求的功能、措施要符合国家现行标准，使其具有良好的经济效益。

建筑设计的经济合理性是建筑设计中应遵循的一项基本原则，也是在建筑设计中要同时达到的目标之一。由于可用资源的有限性，要求建设投资的合理分配和高效性。这就要求建筑设计工作者要根据社会生产力的发展水平、国家的经济发展状况、人民生活的现状和建筑功能的要求等因素，确定建筑的合理投入和建造所要达到的建设标准，力求在建筑设计中做到以最小的资金投入，去获得最大的使用效益。

四、绿色建筑设计的美观要求

建筑是人类创造的最值得自豪的文明成果之一，在一切与人类物质生活有直接关系的产品中，建筑是最早进入艺术行列的一种。人类自从开始按照生活的使用要求建造房屋以来，就对建筑产生了审美的观念。每一种建筑的风格的形式，都是人类为表达某种特定的生存理念及满足精神慰藉和审美诉求而创造出来的。建筑审美是人类社会最早出现的艺术门类之一，建筑中的美学问题也是人们最早讨论的美学课题之一。

建筑被称为"凝固的音符"，充满创意灵感的建筑设计作品，是一座城市的文化象征，是人类物质文明和精神文明的双重体现，在满足建筑基本使用功能的同时，还需要考虑满足人们的审美需求。绿色建筑设计则要求设计者努力创造出实用与美观相结合的产品，使建筑不仅符合最基本的使用功能的要求，而且还应尽可能具有雕塑美、结构美、装饰美、诗意美。

五、绿色建筑设计的环境要求

自 20 世纪 80 年代以来，伴随着国际建筑设计的潮流，人居环境建筑科学营运而生，并逐渐发展成为一门综合性的学科群。人居环境与社会以及社会群中的每一个个体息息相关，人作为人居环境中的主题，所以在建筑设计的过程中，应该从"以人为本"的理念为出发点和宗旨，将人的需求放在首位。人居环境的不断发展变化，也要求我们在建筑设计的过程中，除了要尊重和尽可能满足人的需求以外，还要时刻注重与自然、文化、生态相互适应，以达到人与环境的全面融合，让人在舒适的人居环境中快乐工作、感知生活，在人性化的设计中享受健康生活。

建筑是规划设计中的一个重要单元，建筑设计应符合上级规划提出的基本要求。绿色建筑设计不应孤立考虑，应与基地周边的环境相结合，如现有道路的走向、周边建筑形状和特色、拟建建筑的形态和特色等，使得新建的绿色建筑与周边环境协调一致，构成具有良好环境景观空间效应的室外环境。

第三节　绿色建筑节能设计标准

自改革开放以来，我国政府对发展绿色建筑给予高度重视，近年来陆续制定并提出了若干发展绿色建筑的重大决策，在"十一五"规划纲要中提出"万元GPD 能耗降低 20% 和主要污染物排放减少 10%"的奋斗目标，在"十二五"规划纲要中提出了"建设资源节约型、环境友好型社会"的宏伟规划。树立全面、协调、可持续的科学发展观，在建筑领域里将传统高消耗型发展模式转向高效生态型发展模式，即坚定不移地走建筑绿色之路，是我国乃至世界建筑的必然发展趋势。

中国绿色建筑发展的具体目标是大力推动新建住宅和公共建筑严格实施节能50%设计标准，直辖市及有条件地区实施节能65%标准。绿色建筑推进现阶段以加大新建建筑节能为主要突破口，同时推进既有建筑改造。到2020年，新建建筑对不可再生资源的总消耗比2010年再下降20%。近年来，我国一直都在促进绿色建筑的推广。从立法方面，全国人民代表大会及其常务委员会制定了《中华人民共和国城乡规划法》《中华人民共和国能源法》《中华人民共和国节约能源法》《中华人民共和国可再生能源法》等15项与绿色建筑内容相关的行政法规；发布了《关于加快发展循环经济的若干意见》《关于做好建设资源节约型社会近期工作的通知》《关于发展节能省地型住宅和公共建筑的通知》等法规性文件。

首先，为尽快推进绿色建筑广泛发展，我国学习有关国家的经验和做法，已经制定出一些经济激励政策，主要有以下几方面：首先，住房和城乡建设部设立了全国绿色建筑创新奖。绿色建筑奖创新分为工程类项目奖和技术与产品类项目奖。工程类项目奖包括绿色建筑创新综合奖项目、智能建筑创新专项奖项目和节能建筑创新专项奖项目；技术与产品类项目奖是指应用于绿色建筑工程中具有重大创新、效果突出的新技术、新产品、新工艺。目前，已经成功评审并发布了两届绿色建筑创新奖。

其次，建立了推进可再生能源在建筑中规模化应用的经济激励政策。财政部设立了可再生能源专项资金，专项资金里有一部分是鼓励可再生能源在建筑中的规模化应用，财政部和建设部颁布了《可再生能源在建筑中应用的指导意见》《可再生能源在建筑中规模化应用的实施方案》以及《可再生能源在建筑中规模化应用的资金管理办法》。

最后，住房和城乡建设部会同财政部出台了以鼓励建立大型公共建筑和政府办公建筑节能体系的资金管理办法，办法里明确了鼓励高耗能政府办公建筑和大型公共建筑进行节能改造的国家贴息政策。此外，我国政府正在加快研究确定发展绿色建筑的战略目标、发展规划、技术经济政策；研究国家推进实施的鼓励和扶持政策；研究利用市场机制和国家特殊的财政鼓励政策相结合的推广政策；综合运用财政、税收、投资、信贷、价格、收费、土地等经济手段，逐步构建推进绿色建筑的产业结构。

　　建筑本身就是能源消耗大户，同时对环境也有重大影响。据有关统计，全球有 50% 的能源用于建筑，同时人类从自然界所获得的 50% 以上的物质原料也是用来建造各类建筑及其附属设施。节约能源是当今世界的一种重要社会意识，是指尽可能减少能源的消耗、增加能源的利用率的一系列行为。

　　随着全球环境问题的日益严峻和人们对其关注日益加深，人们逐步意识到人类文明的高速发展不能以牺牲环境为代价，也认识到保护地球环境、节约资源的重要性，而建筑业作为耗用自然资源最多的产业必须走可持续发展之路。在我国，随着国民经济的快速发展，公共建筑高能耗的问题日益突出，尤其是大型公共建筑更是能耗大户，其节能力度直接影响我国建筑节能整体目标的实现。

一、绿色公共建筑节能设计有关规范

　　当前，我国能源资源供应与经济社会发展的矛盾十分突出，建筑能耗已占全国能源消耗近 30%。建筑节能对于促进能源资源节约和合理利用，缓解我国能源资源供应与经济社会发展的矛盾，加快发展循环经济，实现经济社会的可持续发展，有着举足轻重的作用，也是保障国家能源安全、保护环境、提高人民群众生活质量、贯彻落实科学发展观的一项重要举措。建筑节能标准作为建筑节能的技术依据和准则，是实现建筑节能的技术基础和全面推行建筑节能的有效途径。

　　公共建筑量大面广，占建筑耗能比例高，公共建筑节能推行的力度和深度，在很大程度上决定着建筑节能整体目标的实现。推行公共建筑节能，关键是要加强公共建筑节能标准的宣贯、实施和监督，确保公共建筑节能标准中的各项要求落到实处。各级建设行政主管部门要切实把实施及监督工作作为贯彻落实党和国家方针政策和法律法规、落实科学发展观、加强依法行政的一项重要工作，抓紧抓好并抓出成效。《公共建筑节能设计标准》中的规定，不仅政策性、技术性、经济性强，而且涉及面广、推行难度较大。各级建设行政主管部门要加强领导，落实责任，强化监督，依法行政，从国家战略的高度出发，确保《公共建筑节能设计标准》的有关规定落到实处。

二、绿色住宅建筑设计有关规范

　　我国已初步建立了国家和地方绿色建筑标准体系。已发布与绿色建筑有关的

《民用建筑热工设计规范》（GB 50176—2016）；《严寒和寒冷地区居住建筑节能设计标准》（JGJ 26—2018）；《夏热冬冷地区居住建筑节能设计标准》（JGJ 134—2010）；《建筑节能工程施工质量验收规范》（GB 50411—2019）等数十项技术标准与技术规范。

在制度建设方面，建立了绿色建筑评价标识制度。为规范绿色建筑评价工作，引导绿色建筑健康发展，建设部发布了《绿色建筑评价标识管理办法》及《绿色建筑评价技术细则》，启动了我国绿色建筑评价工作，结束了我国依赖国外标准进行绿色建筑评价的历史；建立了建筑门窗节能性能标识制度，为保证建筑门窗产品的节能性能，规范市场秩序，促进建筑节能技术进步，提高建筑物的能源利用效率，推进建筑门窗节能性能标识试点工作，建设部制定了《建筑门窗节能性能标识试点工作管理办法》；研究建立建筑能效测评与标识制度。住房和城乡建设部制定了《建筑能效测评与标识技术导则》《建筑能效测评与标识管理办法》，建筑能效标识，是按照建筑节能有关标准和技术要求，对建筑物用能系统效率和能源消耗量，以信息标识的形式进行明示的活动。

在监督检查方面，2006 年 11 月 28 日至 12 月 16 日，住房和城乡建设部组织开展了全国建筑节能和城镇供热体制改革专项检查考核。内容包括全国 30 个省、自治区（除西藏外）、直辖市，5 个计划单列市，26 个省会（自治区首府）城市，26 个地级城市建设主管部门贯彻落实国家建筑节能和城镇供热体制改革相关政策法规、技术标准及结合本地实际推进建筑节能工作的情况，以及抽查的 610 个工程项目执行节能强制性标准的情况。2007 年年底，再次开展建设领域节能减排专项监督检查。节能减排专项监督检查主要包括建筑节能专项检查、供热体制改革专项检查、城市污水处理厂专项检查和生活垃圾处理设施运行管理专项检查。

在绿色建筑的科技创新方面，也取得了一系列成绩。我国是世界上较大的建筑材料和建筑设备的出口国，玻璃、门窗、空调制冷设备、保温和装修材料中的许多产品都在国际市场份额中占据领先位置。通过发展绿色建筑，可以培育出一批与节能、节水、节材相关的新技术、新产品，一些关键产品通过技术创新可以较大幅度地提高技术、产品的附加值，实现我国建设行业关联产业出口产品由劳动力成本优势向高技术优势的转型。

工程实践充分证明，绿色住宅建筑设计是一门涉及面非常广泛的学科，其脱胎于普通的住宅建筑设计，又融入了绿色生态的理念，在绿色建筑具体规划和设计中，可以参考传统建筑的相关规范，但不能笼统地照搬应用，必须经过绿色理念的筛检，挑选与绿色建筑有关的标准和条例，充分利用好相关规范中的已有成果，有效地指导绿色建筑的设计和评价。

第六章
建筑节能设计要求

第一节　住宅建筑能耗分析

建筑节能设计是以满足建筑室内适宜的热环境和提高人民的居住水平，通过建筑规划设计、建筑单体设计及对建筑设备采取综合节能措施，不断提高能源的利用效率，充分利用可再生能源，以使建筑能耗达到最小化所需要采取的科学技术手段。建筑节能是一个系统工程，在设计的全过程中，从选择材料、结构设计、配套设计等各环节都要贯穿节能的观点，这样才能取得真正节能的效果。建筑节能设计是全面的建筑节能中一个很重要的环节，有利于从源头上杜绝能源的浪费。

一、建筑体形对能耗的影响

建筑体形的变化直接影响建筑采暖和空调能耗的大小。在夏热冬冷地区白天要防止太阳辐射，夜间希望建筑有利于自然通风和散热。因此，我国南方与北方寒冷地区节能建筑相比，在体形系数上控制不十分严格，在建筑形态上非常丰富。但从节能的角度来讲，单位面积对应的外表面积越小，外围护结构的热损失就越小，从降低建筑能耗的角度出发，应当将建筑体形系数控制在一个较低的水平。

（一）体形系数的含义

建筑物体形系数是指建筑物与室外大气接触的外表面积 F_0 与其所包围的（包括地面）体积 V_0 之比值，即：

$$S = F_0/V_0 \qquad\qquad （6-1）$$

式中：S——建筑物的体形系数；

　　F_0——建筑物与室外大气接触的外表面积，m^2；

　　V_0——建筑物与室外大气接触的外表体积，m^3。

在进行住宅建筑中的体形系数计算时，外表面积 F_0（m^2）不包括地面和楼梯间墙及分户门的面积。建筑物的体形系数越大，说明单位建筑空间的热量散失面积越大，则建筑物的能耗就越高。

（二）最佳的节能体形

建筑物作为一个整体，其最佳节能体形与室外空气温度、太阳辐射照度、风向、风速、围护结构构造及其热工特性等各方面因素有关。从理论上讲，当建筑物各朝向围护结构的平均有效传热系数不同时，对同样体积的建筑物，其各朝向围护结构的平均有效传热系数与其面积的乘积都相等的体形是最佳节能体形。

（三）体形系数的控制

提出建筑体形系数要求的目的，是为了使特定体积的建筑物在冬季和夏季冷热作用下，从室外与空气面积因素考虑，使建筑物的外围护部分接受冷热量最少，从而减少冬季的热损失与夏季的冷损失。根据建筑节能检测表明，一般建筑物的体形系数宜控制在 0.30 以下，如果体形系数大于 0.30，则屋顶和外墙应采取保温措施，以便将建筑物耗热量指标控制在国家规定的水平，即总体上实现节能 50% 或 65% 的目标。

在一般情况下，建筑物体形系数控制或降低的方法，主要有以下几种。

1. 减少建筑面宽，加大建筑幢深

即加大建筑的基底面积，增加建筑物的长度和进深尺寸。如对于体量 1 000 ~ 8 000 m² 的建筑，当幢深从 8 m 增至 12 m 时，各类型建筑的耗能指标都有大幅度降低，但幢深在 14 m 以上再继续增加，其耗热指标却降低很少。在建筑面积较小（约 2 000 m² 以下）和层数较多（6 层以上）时，耗能指标还可能回升。将幢深从 8 m 增至 12 m 时，可使建筑耗热指标降低 11% ~ 33%。总建筑面积越大，层数越多，耗热指标降低越大，其中尤以幢深从 8 m 增至 12 m 时，热耗指标降低比例最大。因此，对于体量 1 000 ~ 8 000 m² 的南向住宅建筑，进深设计为 12 ~ 14 m，对建筑节能是比较适宜的。

测试结果表明，严寒、寒冷和部分夏热冬冷地区，建筑物的耗能量指标随着建筑体形系数的增加近似直线上升。因此，低层和少单元住宅建筑节能不利，即体量较小的建筑物不利于节能。对于高层建筑，在建筑面积相近的条件下，高层格式的住宅耗能量指标要比高层板式住宅高 10% ~ 14%。

2. 增加建筑层数，加大建筑体量

低层建筑对节能是非常不利的，尤其是体积较小的低层建筑物，其外围护结构的热损失要占建筑物总热损失的绝大部分。合理增加建筑物的层数，可以加大建筑体量，降低建筑热耗指标。增加建筑层数对减少建筑能耗有利，然而层数增加到 8 层以上后，层数的增加对于建筑节能并不十分明显。

在一般情况下，当建筑面积在 2 000 m² 以下时，层数以 3～5 层为宜，层数过多则底面积太小，对减少热耗不利；当建筑面积在 3 000～5 000 m² 时，层数以 5～6 层为宜；当建筑面积在 5 000～8 000 m² 以下时，层数以 6～8 层为宜。6 层以上建筑耗热指标还会继续降低，但降低的幅度不大。

3. 简化建筑体型，布置尽量简单

严寒地区节能型住宅的平面形式，应追求平整、简洁，不宜变化过多，一般可布置成直线型、折线型和曲线型。在建筑节能规划设计中，对住宅形式的选择不宜大规模采用单元式住宅错位拼接，不宜采用点式住宅或点式住宅拼接。这是因为错位拼接和点式住宅都形成较长的外墙临空长度，这样很不利于建筑节能。

（四）建筑形态与气流

对于寒冷地区，节能建筑的形态不仅要求体形系数小，而且需要冬季太阳辐射得热多，还需要对避免寒风的侵袭有利。

风吹向建筑物，使风的风向和风速均发生相应的改变，从而形成特有的风环境。单体建筑物的三维尺寸对其周围的风环境带来较大的影响。从建筑节能的角度考虑，应当创造有利的建筑形态，以便减少风速和风压，减少建筑耗能热损失。测试结果表明，建筑物越长、越高，其进深越小，建筑物的背风面产生的涡流区越大，形成的流场越紊乱，对减少风速和风压越有利。

二、建筑朝向对能耗的影响

建筑朝向是指建筑物的主立面（或正面）的方位角，也就是建筑物主立面墙面的法线与正南方向间的夹角。为便于布置和方便出行，一般由建筑与周围道路之间的关系确定。建筑朝向对建筑节能具有很大的影响，古今中外都非常重视对建筑朝向的选择。

建筑朝向选择的原则是使建筑物冬季能获得尽可能多的日照，主要房间应避开冬季主导风向，同时也考虑到夏季防止太阳辐射与暴风雨的袭击。如处于南北朝向的长条形建筑物，由于太阳高度角和方位角的变化规律，冬季获得的太阳辐射热比较多，而且在建筑面积相同的情况下，主朝向的面积越大，这种倾向越明显。如此布置，建筑物在夏季可以减少太阳辐射热，主要房间可避免受东西方向的日晒，是最有利的建筑朝向。

从建筑节能的角度考虑，如果总平面布置允许自由选择建筑物的形状和朝向，则应首选长条形建筑体形，并且宜采用南北或接近南北朝向布置。然而，在建筑的实际规划设计中，影响建筑体形和建筑朝向的因素很多，要想达到既夏季防热又冬季保温的理想朝向是非常困难的。因此，"最佳朝向"的概念是一个具有地区条件限制的提法，它是在只考虑地理和气候条件下对建筑朝向的研究结论。在具体使用时，则还需根据地段环境的具体条件加以修正。

（一）建筑朝向墙面及室内获得的日照时间和日照面积

无论是在温带地区还是寒带地区，必要的日照条件是住宅建筑中不可缺少的，但是对不同地理环境和气候条件下的住宅，在日照时数和阳光照入室内深度上是不尽相同的。建筑物墙面上的日照时间，决定墙面接受太阳辐射热量的多少。由于冬季和夏季太阳方位角的变化幅度较大，各个朝向墙面所获得的日照时间相差很大。因此，应对不同朝向墙面在不同季节的日照时数进行统计，求出日照时数日平均值，作为综合分析朝向时的依据。另外，还需对最冷月和最热月的日出、日落时间进行记录。在炎热地区，住宅的多数居室应避开最不利的日照方位，即下午气温最高时的几个方位。住宅室内的日照情况同墙面上的日照情况大体相似。对不同朝向和不同季节（如冬至日和夏至日）的室内日照面积及日照时数进行统计和比较，选择最冷月有较长的日照时间和较多的日照面积，而在最热月有较少的日照时间和较少的日照面积。

（二）朝向对建筑日照及接收太阳辐射量的影响

无论是我国的温带还是寒带，必要的日照条件是居室建筑不可缺少的。但在不同地理环境和气候条件下，住宅的日照时数、日照面积和阳光入室深度是不尽相同的。由于冬季和夏季太阳方位角变化幅度较大，各个朝向墙面所获得的日照时间相差很大。因此，要对不同朝向墙面在不同季节的日照时数进行统计，求出日照时数的平均值，作为综合分析朝向的依据。分析室内日照条件和建筑朝向的关系，应选择在最冷月有较长的日照时间和较高的日照面积，而在最热月有较少的日照时间和较小日照面积的朝向。

（三）各种朝向居室内可能获得的紫外线量

太阳在辐射过程中，太阳光线中的成分是随着太阳高度角而变化的，其中紫外线与太阳高度角成正比，一般正午前后紫外线最多，日出和日落时段最少。

冬季以南向、东南和西南居室接收的紫外线较多，而东西向较少，大约是南向的 50%，东北和西北向最少，大约是南向的 30%。所以在选择建筑朝向时，还要考虑到室内所获得的紫外线量，这是基于室内卫生和利于人体健康的考虑。另外，还应当考虑主导风向对建筑物冬季热损耗和夏季自然通风的影响。

（四）主导风向与建筑朝向的关系

主导风向直接影响冬季住宅室内的热损耗及夏季居室内的自然通风。因此，从冬季的保暖和夏季降温角度考虑，在选择住宅建筑朝向时，当地的主导风向因素不容忽视。另外，从住宅群的气流流场可知，当建筑的长轴垂直主导风向时，由于各幢住宅之间产生涡流，从而会影响自然通风的效果。因此，应尽量避免建筑物长轴垂直于夏季主导风向，即应使风向的入射角为零度，从而减少前排房屋对后排房屋通风的不利影响。

在实际运用中，当根据日照和太阳辐射已将建筑的基本朝向范围确定后，再进一步核对季节主导风向时，出现主导风向与日照朝向形成夹角的情况。从单幢住宅的通风条件来看，房屋与主导风向垂直效果最好，但是，从整个建筑群来看，这种情况并不完全有利，人们往往希望建筑形成一定的角度，以便各排房屋都能获得比较满意的通风条件。

第二节　建筑室外计算参数

在采暖热负荷计算中，如何确定室外计算温度等参数是一个相当重要的问题。单纯从技术观点来看，使采暖系统的最大出力，恰好等于当地出现最冷天气时所需要的热负荷，是最理想的，但这往往同采暖系统的经济性相违背。

历年气象统计资料充分证明，最冷的天气并不是每年都会出现，出现也是没有一定规律的。如果采暖设备是根据历年最不利条件选择的，即把室外计算温度定得过低，那么，在采暖运行期的绝大多数时间里，就会显得设备能力富裕过多，从而会造成浪费；反之，如果把室外计算温度定得过高，则在较长的时间里不能保证必要的室内温度，达不到采暖的目的，室内的热舒适度不符合设计的要求。因此，正确地确定和合理地采用室外计算参数是一个技术与经济统一的问题。

一、围护结构冬季室外计算温度的确定

冬季通风室外计算温度是指按累年最冷月平均温度确定的用于冬季通风设计的室外空气计算参数。"累年最冷月"，系指累年月平均气温最低的月份。

冬季空气调节室外计算温度是指以日平均温度为基础，按历年平均不保证1 d，通过统计气象资料确定的用于冬季空气调节设计的室外空气计算参数。

冬季空气调节室外计算相对湿度可以采用累年最冷月平均相对湿度。

冬季室外平均风速可以采用累年最冷 3 个月各月平均风速的平均值。冬季室外最多风向的平均风向，可以采用累年最冷 3 个月的最多风向（静风除外）的各月平均风速的平均值。

冬季最多风向及其频率可以采用累年最冷 3 个月的最多风向及其平均频率。

冬季室外大气压力可以采用累年最冷 3 个月各月平均大气压力的平均值。

二、围护结构夏季室外计算温度的确定

夏季通风室外计算温度可以采用历年最热月 14 时的月平均温度的平均值。

夏季通风室外计算相对湿度可以采用历年最热月 14 时的月平均相对湿度的平均值。

夏季空气调节室外计算干球温度可以采用历年平均不保证 50 h 的干球温度。

夏季空气调节室外计算湿球温度可以采用历年平均不保证 50 h 的湿球温度。

夏季空气调节室外计算日平均温度可以采用历年平均不保证 5 天的日平均温度。

夏季空气调节室外计算逐时温度可按式（6-2）确定：

$$t_{sh} = t_{WP} + \beta \Delta t_r \qquad (6-2)$$

式中：t_{sh}——夏季空气调节室外计算逐时温度，℃；

t_{WP}——夏季空气调节室外计算日平均温度，℃；

β——室外温度逐时变化系数；

Δt_r——夏季室外计算平均日较差，℃，应按式（6-3）计算：

$$\Delta t_r = t_{wg} - t_{wp} / 0.52 \qquad (6-3)$$

式中，t_{wg}——夏季空气调节室外计算干球温度，℃；

其他符号含义同式（6-2）。

夏季室外平均风速应采用累年最热 3 个月各月平均风速的平均值。

夏季最多风向及其频率应采用累年最热 3 个月的最多风向及其平均频率。

夏季室外大气压力应采用累年最热 3 个月各月平均大气压力的平均值。

第三节　室内热环境设计指标

室内热环境是指影响人体冷热感觉的环境因素。这些因素主要包括室内空气温度、空气湿度、气流速度以及人体与周围环境之间的辐射换热。适宜的室内热环境是指室内空气温度、湿度气流速度以及环境热辐射适当，使人体易于保持热平衡从而感到舒适的室内环境条件。

居住建筑的建筑热工和暖通空调设计必须采取节能措施，在保证室内热环境的前提下，将采暖和空调能耗控制在规定的范围内。

一、居住建筑室内环境设计要求

（1）在设计采暖时，冬季室内计算温度根据建筑物的用途，民用建筑的主要房间，温度宜采用 16 ~ 24 ℃。

（2）设置采暖的建筑物，冬季活动区的平均风速，民用建筑及工业企业辅助建筑，不宜大于 0.3 m/s。

（3）空气调节室内计算参数，应符合下列规定：

①舒适性空气调节室内计算参数，应符合表 6-1 规定。

表6-1　舒适性空气调节室内计算参数

计算参数	冬季	夏季
温度/℃	18～24	22～28
风速/（m/s）	≤0.2	≤0.3
相对湿度/%	30～60	40～65

②工艺性空气调节室内温度基数及其允许波动范围，应根据工艺需要及卫生要求确定。活动区的风速：冬季不宜大于 0.3 m/s，夏季宜采用 0.2 ～ 0.5 m/s；当室内的温度高于 30 ℃时，风速可大于 0.5 m/s。

（4）采暖与空气调节室内的热舒适性，应符合《热环境的人类工效学通过计算 PMV 和 PPD 指数与局部热舒适准则对热舒适进行分析测定与解释》（B/T 18049—2017）的要求，采用预计的平均热感觉指数（PMV）和预计不满意者的百分数（PPD）评价，其数值宜为：−1 ≤ PMV ≤ +1；PPD ≤ 27%。

（5）当工艺无特殊要求时，生产厂房夏季工作地点的温度，应根据夏季通风室外计算温度及其与工作地点的允许温差，不得超过表 6-2 中的规定。

表6-2　夏季工作地点温度　　　　　　（单位：℃）

夏季通风室外计算温度	≤22	23	24	25	26	27	28	29～32	≥33
允许温差	10	9	8	7	6	5	4	3	2
工作地点温度	≤30	32						32～35	35

（6）在特殊高温作业区的附近，应当设置工人休息室。夏季工人休息室的温度，宜采用 26 ～ 30 ℃。

（7）建筑物室内的空气应符合国家现行标准《室内空气质量标准》（GB/T 18883—2002）中有关空气质量、污染物浓度控制等方面的要求。

（8）建筑物室内人员所需要最小新风量应符合下列规定：民用建筑人员所需最小新风量，按现行有关卫生标准确定；工业建筑应保证每人不小于 30 m³/h 的新风量。

二、严寒和寒冷地区室内热环境计算参数

根据《严寒和寒冷地区居住建筑节能设计标准》（JGJ 26—2018）中的规定，严寒和寒冷地区室内热环境计算参数应符合下列规定。

（1）依据不同的采暖度日数（HDD18）和空调度日数（CDD26）范围，将严

寒和寒冷地区进一步划分成为表6-3所示的5个子气候区。

表6-3 严寒和寒冷地区居住建筑节能设计气候子区

气候子区	冬季	分区依据
严寒地区 （Ⅰ区）	严寒（A）区	6000≤HDD18
	严寒（B）区	5000≤HDD18＜6000
	严寒（C）区	3800≤HDD18＜6000
寒冷地区 （Ⅱ区）	寒冷（A）区	2000≤HDD18＜3800，CDD≤90
	寒冷（B）区	2000≤HDD18＜3800，CDD＞90

（2）室内热环境计算参数的选取应符合下列规定：冬季采暖室内计算温度应取 18 ℃；冬季采暖计算换气次数应取 0.5 次/h。以上规定的温度和换气次数只是一个设计计算值，主要是用来计算采暖能耗，并不等于实际的室温和实际换气次数。

三、夏热冬冷地区室内热环境设计指标

根据《夏热冬冷地区居住建筑节能设计标准》（JGJ 134—2010）中的规定，夏热冬冷地区室内热环境计算参数应符合下列规定：

（1）冬季采暖室内热环境设计计算指标应符合下列规定：卧室、起居室内设计温度应取 18 ℃；换气次数应取 1.0 次/h。

（2）夏季空调室内热环境设计计算指标应符合下列规定：卧室、起居室内设计温度应取 26 ℃；换气次数应取 1.0 次/h。

四、夏热冬暖地区室内热环境和建筑节能设计指标

根据《夏热冬暖地区居住建筑节能设计标准》（JGJ 75—2012）中的规定，夏热冬暖地区室内热环境和建筑节能设计指标应符合下列规定。

（1）夏热冬暖地区可以划分为南北两个区。北区内建筑节能设计应主要考虑夏季空调，兼顾冬季采暖；南区内建筑节能设计应考虑夏季空调，可不考虑冬季采暖（可参照我国夏热冬暖地区分区图）。

（2）夏季空调室内设计计算指标应按下列规定进行取值：居住空间室内设计计算温度 26 ℃；换气次数应取 1.0 次/h。

（3）北区冬季采暖室内设计计算指标应按下列规定进行取值：居住空间室内设计计算温度 16 ℃；换气次数应取 1.0 次/h。

（4）居住建筑通过采用合理节能建筑设计，增强建筑围护结构隔热、保温性能和提高空调、采暖设备能效比的节能措施，在保证相同的室内热环境的前提下，与未采取节能措施前相比，全年空调和采暖总能耗应减小50%。

五、建筑物耗热量指标与采暖设计热负荷指标

在进行建筑节能设计时，建筑物耗热量指标是一个非常重要的衡量节能效果的指标。采暖设计热负荷指标在采暖设计中简称为采暖设计指标，它是在采暖室外计算温度条件下，为保持室内计算温度，单位建筑面积在单位时间内需由锅炉房或其他供热设施供给的热量，其单位是 W/m^2。采暖设计热负荷指标是冬季最不利气候条件下，确定采暖设备容量的一个重要指标，是对建筑采暖确保供热质量的指标。

根据以上所述可知，建筑物耗热量指标是建筑物在一个采暖季节中耗热强度的平均值，而采暖设计热负荷指标是建筑物在一个采暖季节中耗热强度的最大极限设计值。由于采暖期室外平均温度比采暖室外计算温度高，因此，建筑物耗热量指标在数值上比采暖设计热负荷指标要小。

第四节 建筑和建筑热工节能设计

建筑工程节能实践证明，制定并实施建筑和建筑热工节能设计标准，有利于改善建筑的热环境，提高暖通空调系统的能源利用效率，从根本上扭转建筑用能严重浪费的状况，为实现国家节约能源和保护环境的战略，贯彻有关政策和法规做出贡献。

一、建筑物热工设计要求

建筑物热工设计的具体要求，除应符合现行的《严寒和寒冷地区民用建筑节能设计标准》（JGJ 26—2018）、《夏热冬冷地区居住建筑节能设计标准》（JGJ 134—2010）和《公共建筑节能设计标准》（GB 50189—2015）等外，分别还应符

合下列具体的要求：

（一）冬季保温设计要求

（1）由于冬季气候寒冷，建筑物宜设在避风和朝阳的地段。

（2）建筑物的体形设计宜减少外表面积，其平面和立面的凹凸面不宜过多。

（3）居住建筑，在严寒地区不应设开敞式楼梯间和开敞式外廊；在寒冷地区也不宜设开敞式楼梯间和开敞式外廊。公共建筑，在严寒地区和寒冷地区出入口处均应设门斗或热风幕等避风设施。

（4）建筑物外部窗户面积不宜过大，应减少窗户的缝隙长度，并采取密闭措施。

（5）外墙、屋顶、直接接触室外空气和不采暖楼梯间的隔墙等围护结构，应进行保温验算，其传热阻应大于或等于建筑物所在地区要求的最小传热阻。

（6）当有散热器、管道、壁龛等嵌入外墙时，该处外墙的传热阻应大于或等于建筑物所在地区要求的最小传热阻。

（7）围护结构中的热桥部位应当进行保温验算，并要采取必要的保温措施。

（8）严寒地区居住建筑的底层地面，在其周边一定范围内应采取保温措施。

（9）围护结构的构造设计应考虑防潮要求。

（二）夏季防热设计要求

（1）建筑物的夏季防热应采取自然通风、窗户遮阳、围护结构隔热和环境绿化等综合性措施。

（2）建筑物的总体布置，单位的平面、剖面设计和门窗的设置，应有利于自然通风，并尽量避免主要房间受东、西向的日晒。

（3）建筑物的向阳面，特别是东、西向的窗户，应采取有效的遮阳措施。在建筑设计中，宜结合外廊、阳台、挑檐等处理方法达到遮阳的目的。

（4）屋顶和东、西向外墙的内表面温度，应满足隔热设计标准的要求。

（5）为防止潮霉季节湿空气在地面冷凝泛潮，居室、托幼园所等场所的地面下部宜采取保温措施或架空做法，地面面层宜采用微孔吸湿材料。

（三）空调建筑热工设计要求

（1）空调建筑或空调房间应尽量避免东、西朝向和东、西向窗户。

（2）空调房间应集中布置、上下对齐。温度和湿度要求相近的空调房间宜相邻布置。

（3）空调房间应避免布置在两面相邻外墙的转角处和有伸缩缝处。

（4）空调房间应避免布置在顶层，当必须布置在顶层时，屋顶应有良好的隔热措施。

（5）在满足使用要求的前提下，空调房间的净高宜降低。

（6）空调建筑的外表面积宜减少，外表面宜采用浅色的饰面。

（7）建筑物外部窗户当采用单层窗时，窗墙面积比不宜超过 0.30；当采用双层窗或单框双层玻璃窗时，窗墙面积比不宜超过 0.40。

（8）向阳面，特别是东、西向窗户，应采取热反射玻璃、反射阳光涂膜、各种固定式和活动式遮阳等有效的遮阳措施。

（9）建筑物外部窗户的气密性等级不应低于现行国家标准规定的Ⅰ级水平。

（10）建筑物外部窗户的部分窗扇应能开启。当有频繁开启的外门时，应设置门斗或空气幕等防渗透措施。

（11）围护结构的传热系数应符合现行国家标准《民用建筑供暖通风与空气调节设计规范》（GB 50736—2012）中规定的要求。

（12）间歇使用的空调建筑，其外围护结构内侧和内围护结构宜采用轻质材料。连续使用的空调建筑，其外围护结构内侧和内围护结构宜采用重质材料。围护结构的构造设计应考虑防潮要求。

二、不同热工分区建筑节能设计原理

我国房屋建筑按其用途不同主要划分为民用建筑和工业建筑。民用建筑又分为居住建筑和公共建筑。居住建筑主要是指供人们日常居住生活使用的建筑物，主要包括住宅、别墅、宿舍、公寓；公共建筑包含办公建筑、商业建筑、旅游建筑、科教文卫建筑、通信建筑以及交通运输类建筑等。公共建筑和居住建筑都属民用建筑。

在公共建筑中，尤其是办公建筑、大中型商场以及高档旅馆、饭店等建筑，不仅在建筑的标准、功能及设置全年空调采暖系统等方面有许多共性，而且其采暖空调的能耗特别高，采暖空调的节能潜力也最大。居住建筑的能耗消耗量，根据其所在地区的气候条件、围护结构及设备系统情况的不同，具有很大的差别，但绝大部分用于采暖空调的需要，小部分用于照明。

（一）严寒与寒冷地区建筑节能设计原理

严寒与寒冷地区建筑的采暖能耗占全国建筑总能耗的比重很大，同样严寒与寒冷地区采暖节能潜力均为我国各类建筑能耗中最大的，是我国目前建筑节能设计中的重点。

在以上地区可以实现采暖节能的技术途径主要有以下方面：

（1）改进建筑物围护结构的保温性能，进一步降低采暖的需热量。工程实践证明，围护结构全面按国家标准改造后，可以使采暖需热量由目前的 $90\,kW\cdot h/（m^2\cdot a）$ 降低到 $60\,kW\cdot h/（m^2\cdot a）$。

（2）推广各类专门的通风换气窗和智能呼吸窗。通风换气窗是一种集现代声学、电子、通风科技、建筑美学与节能门窗完美结合的智能产品，可以实现可控自动通风换气，避免了开窗换气而造成过大的热损失，智能呼吸窗可对室内空气中的烟雾、酒味、二氧化碳、氢气、甲醛、臭氧等污浊空气超标自动识别、24小时不开窗户智能通风换气，可保持室内新鲜空气，提高空气品质，是人们追求的健康空间生活，绿色科技专利产品。

（3）改善采暖的末端调节性能，避免出现室温过热。有些集中供热系统由于末端没有有效的调节手段，加上某些原因造成室温偏热时，只能被动地听任室温升高或开窗降温；由于部分热源调节不良，不能根据外温变化而改变供热量，导致外温偏暖时过量供热。实行供热改革，通过热计量和改善末端调节性能来实现调节，就是为了使实际供热量接近采暖需热量，降低过量供热率，从而实现20%以上的节能效果。

（4）推行地板采暖等低温采暖方式，从而降低供热热源温度，提高热源的利用效率。低温采暖方式即低温热水地板（俗称地热地板）辐射采暖，是通过埋藏在地板下面的加热管道，以温度不高于60℃的热水为热媒，在加热管内循环流动加热地板，通过地面以辐射和对流的传热方式向室内供热的供暖方式。低温采暖方式具有舒适、节能、节省室内空间、使用寿命长等优点。

（5）积极挖掘利用目前的集中供热网，发展以热电联产为主的高效节能热源；大幅度提高热电联产热源在供热热源中的比例。据有关专家估算，如果把热电联产热源所占比例从目前的30%提高到50%以上，则可以使我国北方采暖能耗再下降7%。

（二）夏热冬冷地区建筑节能设计原理

我国的夏热冬冷地区面积最大，主要包括长江流域的大部分地区，如重庆、上海等15个省市自治区，也是我国经济和生活水平高速发展的地区。在以前这些地区基本上都属于非采暖地区，建筑物设计不考虑采暖的要求，也很少考虑夏季空调降温。传统的建筑围护结构是采用240 mm的普通黏土砖、简单架空屋面和单层玻璃的钢窗，围护结构的热工性能较差。

在这样的气候条件和建筑围护结构热工性能下，住宅室内的热环境自然相当恶劣，对人身的健康影响很大。随着经济的发展、生活水平的提高，采暖和空调以不可阻挡之势进入长江流域的寻常百姓家，迅速在中等收入以上家庭中普及。长江中下游城镇除用蜂窝煤炉取暖外，电暖器或煤气红外辐射炉的使用也越来越广泛，而在上海、南京、武汉、重庆等大城市，热泵型冷暖两用空调器正逐渐成为主要的家庭取暖设施。与此同时，住宅用于采暖空调能耗的比例不断上升。

根据我国夏热冬冷地区的气候特征，该地区住宅的围护结构热工性能，在首先保证夏季隔热的前提下，并要兼顾冬季防寒，这是与其他地区最大的区别。

夏热冬冷地区与严寒及寒冷地区相比，体形系数对夏热冬冷地区住宅建筑全年能耗的影响程度要小。另外，由于体形系数不仅是影响围护结构的传热损失，而且还与建筑造型、平面布局、功能划分、采光通风等多方面有关。因此，该地区建筑节能设计不要过于追求较小的体形系数，而是应当和住宅采光、日照等要求有机地结合起来。如夏热冬冷地区的西部全年阴天天数较多，建筑设计应充分考虑利用天然采光以降低人工照明的能耗，而不是简单地考虑降低采暖空调的能耗。

夏热冬冷的部分地区室外风小、阴天多，因此需要从提高住宅日照、促进自然通风的角度综合确定窗墙比。由于在夏热冬冷地区在任何季节人们都有开窗通风的习惯，目的是通过自然通风改善室内空气品质，同时当夏季在连续高温的阴雨降温过程，或降雨后连续晴天高温升温过程的夜间，室外气候比较凉爽，开窗加强房间通风能带走室内余热并积蓄冷量，可以减少空调运行时的能耗。

针对以上情况，在进行住宅设计时应有意识地考虑加强自然通风设计，即适当加大外墙上的开窗面积，同时注意组织室内的通风，否则南北窗面积相差太大，或缺少通畅的风道，使自然通风无法实现。此外，南窗面积大有利于冬季日照，可以通过窗口直接获得太阳辐射热。因此，在提高窗户热工性能的基础上，应适当提高窗墙的面积比。

对于夏热冬冷气候条件下的不同地区，由于当地不同季节的室外平均风速不同，所以在进行窗墙比优化设计时要注意灵活调整。例如，对于长江流域的上海、南京、武汉等地，冬季室外平均风速一般都大于 2.5 m/s，因此这些地区北向的窗墙比一般不要超过 0.25；而西部的重庆、成都等地区，冬夏两季室外平均风速一般都在 1.5 m/s 左右，且冬季的气温比上海、南京、武汉等地偏高 3 ～ 7 ℃，因此这些地区北向的窗墙比一般不要超过 0.30，并注意与南向窗墙比匹配。

对于夏热冬冷地区，由于夏季太阳辐射比较强，持续时间比较长，因此要特别强调外窗遮阳、外墙和屋顶隔热的设计。在技术经济可能的条件下，可通过优化屋顶和东、西墙的保温隔热设计，尽可能降低这些部位的内表面温度。例如，采取技术措施使外墙的内表面最高温度控制在 32 ℃ 以下，只要住宅能保持一定的自然通风，即可让人觉得比较舒适。此外，还要利用外遮阳等方式避免或减少主要功能房间的东晒或西晒情况。

（三）夏热冬暖地区建筑节能设计原理

我国的夏热冬暖地区主要是指广东、广西、福建和海南省。在夏热冬暖地区，由于冬季气候温暖，夏季太阳辐射强烈，平均气温偏高，因此住宅设计应以改善夏季室内热环境、减少空调能耗为主。在进行夏热冬暖地区住宅设计中，屋顶、外墙的隔热和外窗的遮阳是重点，主要用于防止大量的太阳辐射得热进入室内，而房间的自然通风则可有效带走室内的热量，并对人体舒适感起到重要的调节作用。

从以上所述可知，夏热冬暖地区住宅的隔热、遮阳和通风设计是建筑节能成功的关键。例如我国广州地区的传统建筑一般没有采取机械降温手段，比较重视通风和遮阳，室内的层高比较高，外墙采用 370 mm 厚的黏土砖墙，屋面采用一定形式的隔热，起到了较好的节能效果。

据有关统计结果表明，我国广州地区每百户居民中拥有空调数量为 127.6 台，每户拥有 1 台空调器的占 37%，每户拥有 2 台的占 47%，每户拥有 3 台以上的占 13%，空调器已成为居民住宅降温的主要手段，空调的使用已经由原来的每户一台向每室一台的方向转变。由此可见，夏热冬暖地区的空调能耗已经成为住宅能耗的大户。受电源紧张、网络受限、负荷剧增等因素影响，2011 年广州电网电力供应形势非常紧张，广州供电局表示新增负荷约 100×10^4 kW，同比增长

9.5% ～ 11.3%。此外，由于这些地区的经济水平相对比较发达，未来空调装机容量还会继续增加，可能会对国家电力供求及能源安全性存在威胁。针对以上严峻形势，必须依托集成化的技术体系，通过改善设计来实现住宅节能，改善室内热环境，并减少空调装机容量及运行能耗。

在进行住宅节能设计中，首先应考虑的因素是如何有效防止夏季的太阳辐射。外围护结构的隔热设计主要在于控制内表面温度，防止对人体和室内过量的辐射传热，因此要同时从降低传热系数、增大热惰性指标、保证热稳定性等方面出发，合理选择结构的材料和构造形式，达到设计要求的隔热保温标准。

目前，夏热冬暖地区居住建筑屋顶和外墙采用重质材料较多，如以钢筋混凝土板为主要结构层的架空通风屋面，在混凝土板上再铺设保温隔热板的屋面，黏土实心砖墙和黏土空心砖墙等。但是，随着新型建筑材料的发展，轻质高效保温隔热材料，也成为屋顶和墙体用的主体节能材料。

材料试验证明，传热系数为 3.0 W/（m² · K）的传统架空通风屋顶，在夏季炎热的气候条件下，屋顶内外表面最高温度差值一般仅为 5 ℃左右，居住者有明显烘烤感和不舒适感。如果使用挤塑泡沫板铺设的重质屋顶，传热系数为 1.13 W/（m² · K），屋顶内外表面最高温度差值可达到 15 ℃左右，居住者没有烘烤感，而感觉到比较舒适。

建筑节能试验还表明，在围护结构的外表面若采用浅色粉刷或光滑的饰面材料，可以减少外墙表面对太阳辐射热的吸收，也是建筑节能的一项有效技术措施。为了屋顶隔热和美化的双重目的，设计中应考虑通风屋顶、蓄水屋顶、植被屋顶、带阁楼层坡屋顶及遮阳屋顶等多种多样的结构形式。

窗口遮阳对于改善夏热冬暖地区住宅的热环境和建筑节能同样非常重要。窗口遮阳的主要作用在于阻挡直射阳光进入室内，防止室内产生局部过热。遮阳设施的形式和构造的选择，要充分考虑房屋不同朝向对遮挡阳光的实际需要和特点，综合平衡夏季遮阳和冬季争取阳光入内，确定设计有效的遮阳方式。例如，根据建筑所在经纬度的不同，南向可考虑采用水平固定外遮阳，东西朝向可考虑采用带一定倾角的垂直外遮阳。同时也考虑利用绿化和结合建筑构件的处理来解决，如利用阳台、挑檐、凹廊等。此外，建筑的总体布置还应避免主要的使用房间受东、西向日晒。

在夏热冬暖地区合理组织住宅的自然通风，对建筑节能和改善室内热环境同样很重要。对于夏热冬暖地区中的湿热地区，由于昼夜温差比较小，相对湿度比较高，因此可设计连续通风，以改善室内闷热的环境。而对于夏热冬暖地区中的干热地区，则考虑白天关闭门窗，夜间通风降温的方法。

另外，我国南方亚热带地区有季候风，因此在住宅设计中要充分考虑利用海风、江风的自然通风优越性，并以自然通风为主、空调为辅的原则来考虑建筑的朝向和布局。为此，要合理地选择建筑间距、朝向、房间开口的位置及其面积。此外，还应控制房间的进深以保证自然通风的有效性。同时，在设计中还要防止片面追求增加自然通风的效果，盲目开大窗而不注重遮阳设施的设计的做法，这样很容易把大量的太阳辐射得热带入室内，反而使室内温度过高。

夏热冬暖地区节能设计，在考虑以上各个影响因素的同时，不要忽视注意利用夜间长波辐射来进行冷却，这对于干热地区尤其有效。在相对湿度较低的地区，也可以利用蒸发冷却来提高室内热环境的舒适程度。

（四）采暖居住建筑节能的基本原理

采暖居住建筑物在冬季为了获得适于居住生活的室内温度，必须具有持续稳定的得热途径。建筑物总的热量中采暖供热设备供热是主体，一般占到 90% 以上，其次为太阳辐射得热和建筑物内部得热（如照明、炊事、家电和人体散热等）。这些热量的一部分会通过围护结构的传热和门窗缝隙的空气对流向室外散失。当建筑物的总得热和总失热达到平衡时，室温便可得以稳定维持。所以，采暖居住建筑节能的基本原理是：最大限度地争取得热，最低限度地控制散热。

根据严寒地区和寒冷地区的气候特征，住宅建筑节能设计中首先要保证围护结构热工性能满足冬季保温要求，并要兼顾夏季隔热。通过降低建筑形体系数、采取合理的窗墙比、提高外墙及屋顶和外窗的保温性能，以及尽可能地利用太阳得热等，可以有效地降低建筑采暖的能耗。根据我国严寒地区和寒冷地区冬季保温的经验，具体的保温措施如下。

（1）建筑群的规划设计，单体建筑的平面、立面设计和门窗的设置等，应保证在冬季有效地利用日照并避开主导风向。

（2）尽量减小建筑物的体形系数，建筑的平面和立面不宜出现过多的凹凸面。

（3）建筑的北侧宜布置次要房间，北向窗户的面积应尽量小，同时适当控制东、西朝向的窗墙比和单窗的尺寸。

（4）加强围护结构的保温能力，以减少传热耗热量；提高门窗的气密性，以减少空气渗透的耗热量。

（5）改善采暖供热系统的设计和运行管理，提高锅炉的运行效率，加强供热管道的保温，加强热网供热的调控能力。

对于寒冷地区的住宅建筑，还应当注意通过优化设计来改善夏季室内的热环境，以减少空调的使用时间。而通过模拟计算和实际测试表明，对于严寒地区和寒冷地区气候下的多数地区，完全可以通过合理的建筑节能设计，实现夏季不用空调或很少用空调，以达到舒适的室内环境要求。

第五节　建筑围护结构保温设计

我国北方地区冬季室外的温度很低，建筑围护结构的保暖设计是建筑节能设计中的重要环节，尤其是严寒地区，围护结构的保温性能如何直接关系到建筑的质量、能耗和安全。冬季除通过窗户进入室内的太阳辐射外，基本上是以通过外围护结构向室外传递热量为主的热过程。因此，在进行围护结构保温设计时，应根据当地的气候特点，同时考虑冬夏两季不同方向的热量传递以及在通风条件下建筑热湿过程的双向性。

一、保温的要求

建筑外围护结构的基本功能是在室内空间与室外空间之间建立屏障，分隔出一个适合居住者生存活动的室内空间，保证在室外环境恶劣时，室内空间仍能为居住者提供庇护。外门窗是穿越这一屏障联系室内外空间的通道。从建筑节能角度，外围护结构上的门窗的基本功能则是为了在室外环境良好时，亲近自然，改善室内环境。保温的目的是加强外围护结构基本功能，提高建筑抵御室外恶劣环境（气候）的能力，削弱室内外的热联系，减少外围护结构的冷热耗量。要求保温墙体在室外天气条件良好时散发室内热量是与围护结构的基本功能相冲突的，是不合理的。

墙体保温的程度和采用的技术不同，节能和经济效果差异很大，其优劣存在争议。实际上并不存在绝对的"谁优于谁"，这仍然是气候、社会经济和整体上谁更协调的问题。应针对具体项目，分析其合理性。分户墙和楼板保温的合理性，取决于社会生活状态和建筑的使用情况。当楼上、楼下住户同时在家的可能性小时，楼板传热造成使用户在采暖时的能耗增大约100%。此种情况下，楼板保温隔热是必要的。

二、墙体保温措施

墙体保温隔热技术一般分为自保温和复合保温两大类。后一类墙体是由绝热材料与墙体本体复合构成。绝热材料主要是聚苯乙烯泡沫塑料、岩棉、玻璃棉、矿棉、膨胀珍珠岩、加气混凝土等。与单一材料节能墙体相比，复合节能墙体采用了高效绝热材料，具有更好的热工性能，但其施工难度大，质量风险增加，造价也要高得多。

（一）墙体内保温

在这类墙体中，绝热材料复合在外墙内侧。构造层包括：墙体结构层、空气层、绝热材料层和覆面保护层等。

内保温节能墙体设计中不仅要注意采取措施（如设置空气层、隔气层），避免冬季由于室内水蒸气向外渗透，在墙体内产生结露而降低保温层的热工性能，根据当地气候条件和室内温度分析冷热桥是否有结露的可能及结露的位置。还要注意采取措施消除这些保温层覆盖不到的部分产生"冷桥"而在室内侧产生结露现象，一般出现在内外墙、外墙和楼板相交的节点，以及外窗梁、过梁、窗台板等处。内保温节能墙体施工方便，室内连续作业面不大，多为干作业施工，有利于提高施工效率、减轻劳动强度，同时保温层的施工可不受室外气候的影响。但施工中应注意避免保温材料受潮，同时要待外墙结构层达到正常干燥时再安装保温层，还应保证结构层内侧吊挂件预留位置的准确和牢固。由于绝热层置于内侧，夏季晚间外墙内表面温度随空气温度的下降而迅速下降，可减少烘烤感。但要注意，由于室外热空气中水分向墙体迁移，在空气层与结构层之间凝结。由于这种节能墙体的绝热层设在内侧，会占据一定的使用面积，若用于旧房节能改造，在施工时会影响室内住户的正常生活。当不能统一进行外墙保温改造时，愿意改造的住户可以结合家装，用内保温提高自家外墙的热工性能。不同材料的内保温，施工技术要求和质量要点是不相同的，应严格遵守其相关的技术标准。

（二）墙体外保温

在这类墙体中，绝热材料复合在建筑物外墙的外侧，并覆以保护层。外墙外保温应用利于消除冷热桥，采用高效保温材料后，热桥的问题趋于严重。在寒冷的冬天，热桥不仅会造成额外的热损失，还可能使外墙内表面潮湿、结露，甚至发霉和淌水。外保温容易消除结构热桥。在夏季，外保温层能减少太阳辐射热进入墙体和室外高温高湿空气对墙体的综合影响，使墙体内温度降低、梯度减小，有利于稳定室内气温。能够保护内部的砖墙或混凝土墙，室外气候不断变化引起墙体内部较大的温度变化发生在外保温层内，使内部的主体墙冬季温度提高，湿度降低，温度变化较为平缓，热应力减少，因而主体墙产生裂缝、变形、被损的危险大为减轻，寿命得以大大延长。墙体外保温施工难度大，质量风险多。当空气温度及墙面温度低于 5 ℃或高于 30 ℃时，黏结保温层及抹灰面装修层的施工质量难以保证。快进入冬季时在潮湿的新建墙体上做保温层，由于墙体正在逐渐干燥，其中的水分要通过保温层向外逸出，其内部有结露的危险。雨天施工时易被雨水冲刷。固定保温层的基底应坚实、清洁。如旧墙表面有抹灰层，应与主墙体牢固结合，无松散、空鼓表面。施工前，对于墙面上的污物、松软抹灰层及油漆等均应彻底铲除干净。保温板的黏结，宜从外墙底部边角处开始，依次黏结，相邻板材互相靠紧、对齐。上下板材之间要错缝排列，墙角处板材之间要咬口错位。黏结时轻轻按揉拍压保温板，做到位置横平竖直。

三、屋面保温技术

一般保温屋面实体材料层保温屋面一般分为平屋顶和坡屋顶两种形式。由于平屋顶构造形式简单，所以它是最为常用的一种屋面形式。设计上应遵照以下设计原则：选用导热性小、蓄热性大的材料，提高材料层的热绝缘性；不宜选用容重过大的材料，防止屋面荷载过大。应根据建筑物的使用要求、屋面的结构形式、环境气候条件、防水处理方法和施工条件等因素，经技术经济比较确定。屋面的保温材料的确定，应根据节能建筑的热工要求确定保温层厚度，同时还要注意材料层的排列，排列次序不同也影响屋面热工性能，应根据建筑的功能和地区气候条件进行热工设计。屋面保温材料不宜选用吸水率较大的材料，以防止屋面湿作业时，保温层大量吸水，降低热工性能。如果选用了吸水率较高的热绝缘材料，屋面上应设置排气孔以排除保温材料层内不易排出的水分。设计人员可根据建筑热工设计计算确定其他节能屋面的传热系数 K 值、热阻 R 值和热惰性指标 D 值等，使屋面的建筑热工要求满足节能标准的要求。

对于倒置式屋面，即将传统屋面构造中保温层与防水层"颠倒"，将保温层设在防水层上面。由于倒置式屋面为外隔热保温形式，外隔热保温材料层的热阻作用对室外综合温度波首先进行了衰减，使其后产生在屋面重实材料上的内部温度分布低于传统保温屋顶内部温度分布，屋面储热量始终低于传统屋面保温方式，向室内散热量也较小。因此，这是一种隔热保温效果更好的节能屋面构造形式。

第六节　建筑围护结构隔热设计

绿色建筑是指在建筑的全寿命周期内，最大限度地节约资源（节能、节地、节水、节材）、保护环境和减少污染，为人们提供健康、适用和高效的使用空间，与自然和谐共生的建筑。绿色建筑应满足所有控制项的要求，并按满足一般项数和优选项数的程度，划分为三个等级。对于住宅建筑，外围护结构节能率是建筑节能与能源利用评价指标中的最重要的一项。外围护结构节能主要包括冬季的采暖负荷率和夏季的空调负荷率，而空调能耗又是外围护结构节能率中最重要的一项。因此，隔热性能良好的外围护结构，在炎热的夏季能明显减低室内空调能耗，提高人的热舒适性，达到建筑节能的目的，是绿色建筑最集中的体现。在外围护结构节能率大于等于 65% 的前提下，进行围栏结构隔热设计计算，北京市住宅建筑设计研究院对本项目夏季外围护结构中屋顶和外墙的内表面温度进行验算，并采取措施使其不超过规定的标准．提高外围护结构的隔热性能，以满足绿色建筑评价中节能和能源利用的要求，达到真正节能和舒适的目的。隔热措施外围护结构隔热的侧重次序为屋顶、西墙、东墙、南墙和北墙。

一、屋顶隔热

屋顶隔热的主要措施有：屋顶外表面作浅色处理。增加屋顶的热阻与热惰性如用实体隔热材料层和带封闭空气间层进行屋顶隔热，增加屋顶的热阻与热惰性，减少屋顶传热和温度波动的振幅。使用通风屋顶，利用屋顶内部通风及时带走白天屋顶传入的热量，有利于隔热，夜间屋顶内部通风也可对屋顶起散热降温作用。阁楼尾顶也属于通风屋顶。通风屋顶的设计要注意利用朝向形成空气流动的动力，间层高度以 2～600 px 为好，间层内表面不宜过分粗糙，以降低空气流动阻力，并组织好气流的进、出路线。使用蓄水屋顶利用水的热容量大，且水在蒸发时需要吸收大量的汽化热，从而大量减少传入室内的热量，降低屋顶表面温度，达到隔热的目的。水深宜为 15～500 px，水面宜有浮生植物或白色漂浮物。使用植被屋顶植物可遮挡强烈的阳光，减少屋顶对太阳辐射的吸收，植物的光合作用将转化热能为生物能；植物叶面的蒸腾作用可增加蒸发散热量：种植植物的基质材料（如土壤）还可增加屋顶的热阻与热惰性。

二、外墙隔热

外墙隔热的主要措施有：外墙表面作浅色处理，如浅色粉刷、涂层和面砖等，减少对太阳辐射的吸收；使用混凝土或砖等重质材料作墙体；复合堵体的内侧宜采用厚度为 250 px 的混凝土或砖等重质材料；使用多排孔（双排或三排）的空心砌块墙体或轻骨料混凝土空心砌块作墙体；使用带铝箔的封闭空气间层。使用单面铝箔空气间层时，铝箔应该设在高温一侧；墙体可作垂直绿化处理，遮挡阳光。

三、门窗、幕墙、采光顶隔热措施

对遮阳要求高的门窗、玻璃幕墙、采光顶隔热可采用着色玻璃、遮阳型单片 Low-E 玻璃、着色中空玻璃、热反射中空玻璃、遮阳型 Low-E 中空玻璃等遮阳型的玻璃系统；向阳面的窗、玻璃门、玻璃幕墙、采光顶可设置固定遮阳或活动遮阳；对于非透光的建筑幕墙，应在幕墙面板的背后设置保温材料，保温材料层的热阻应满足墙体的保温要求。

四、围护结构其他隔热措施

（一）技术方面的隔热措施

从技术层面来看，通过合理的设计，采取以下措施，可有效地提高建筑物的隔热性能，降低能耗。

应尽量减小建筑物的体形系数，体形系数是建筑物的表面积和体积之比。它的大小实际上反映了建筑物表面积的大小。通过对两栋体形系数分别为 0.349 和 0.293 的同类型建筑的能耗量进行计算分析可知：体形系数大的建筑物能耗量高 13.8% ～ 15.5%。以上对比结果表明，体形系数越大，表明同等体积的房间表面积越大，那么建筑物能量损失的途径就越多；同时体形系数越小，意味着建筑物外墙、外窗的面积较小，造价相对较低。因此，建筑设计应尽量减小建筑物的体形系数。

外门窗负担了建筑物主要的采光、通风的功能，选择适当的窗墙面积比、采用传热系数小的窗户、解决好东西向外窗的外遮阳问题，是提高外窗保温隔热性能的重要途径。由于窗户的传热系数为 2.5 ～ 4.7 W/（m^2·K），成倍大于外墙的传热系数 1.0 ～ 1.5 W/（m^2·K），从建筑节能这个层面考虑，合适的窗墙面积比应该以满足室内采光需要（住宅设计规范所要求的窗地面积比值）为限。在经济条件许可的情况下，应采用中空玻璃塑料窗或采用断热桥的铝合金中空窗。对体形系数超标较多的别墅建筑，必须采用低传热系数的窗户。

另外，节能建筑不宜设置凸窗和转角窗。其一增大了建筑物的表面积，即增大了建筑物的体形系数（因凸窗和转角窗凸出外墙面的空气空间已与室内空气连通，通过空气对流传热使二者融为一体，故凸出空间已成为室内的一部分），从而增大了建筑能耗；其二增大了窗墙面积比，即增大了建筑能耗；其三夏季暑天因日照时间较长，阳光可以从多方向进入室内，不但增大空调能耗，还会降低室内舒适度；其四窗顶板和窗台板直接与室外空气接触，等同于外墙，但要达到外墙的保温隔热性能很难实施；其五增大了工程造价。凸窗和转角窗只在冬季因日照时间短，能使室内获得较多的阳光。但是在武汉，冬季日照非常少，但夜间的采暖能耗会增大，还是得不偿失。

尽量减小屋面和外墙的传热系数，增强屋面和外墙的保温隔热性能。标准所规定的围护结构传热系数的限值，只是建筑节能现阶段的目标值。随着经济的发展和社会的进步，建筑节能设计标准将分阶段进行修改，围护结构传热系数的限值也会逐步要求降低。由于建筑的设计使用周期为 50 年，几十年后再来对既有建筑进行节能改造是很困难的，特别是高层建筑。因此，对标准较高的住宅，特别是高层住宅，其围护结构的传热系数宜适当低于标准所规定的限值，即贯彻建筑节能的超前性原则。

对于外墙，采取合理的外保温体系既可有效地提高保温隔热性能，同时还可以解决外墙常见的开裂、渗水等现象。通过对武汉大量各类型建筑的计算分析，在目前大多数的建筑中都要采取外保温才能达到节能标准的要求。

另外，利用攀藤植被或落叶乔木对外墙予以遮阳（仅适用于低层或多层建筑），用绿化屋面对屋面实施遮阳；通过采用浅色饰面面层材料反射阳光，也可从一定程度上增强外墙和屋面夏季隔热的能力。

（二）管理方面的隔热措施

从管理层面，加强对各种保温隔热材料的质量管理是实施建筑节能、提高建筑保温隔热性能的有力保证。

建立对工程项目上采用的隔热材料的抽检制度，保证使用材料的质量。目前在质检体系中，居住建筑项目中采用材料的保温隔热相关指标不属于强制性检测的范围，这样就为各种劣质保温材料提供了可乘之机。对于建筑物的室内外温差不像设备、管道的温差大，即便采用不合格的保温材料不会出大的质量事故，所以许多建设单位、施工单位不太重视材料的质量，只求价格低。因此，必须把材料的保温隔热性能指标重点控制，才能切实提高建筑物的保温隔热性能，实实在在地节约能源和节省费用。

对建筑物围护结构各部分采用各种类型的保温体系和选择门窗物品必须按照保障整体节能保温效果的思路，合理选择经济性好、方便施工、质量控制容易的方式和材料。这些必须通过适当的政策引导，并配合一定的行政手段（如施工图审查等）、技术手段（如节能性能评估等）来保证实施。

目前在建筑设计中有片面追求开大窗或盲目选择高档隔热玻璃等趋势，这些并不一定适合本地的气候特点，应针对武汉市夏季湿热无风、冬季湿冷、日照少的特点，综合各方面因素，通过科学的节能设计方案比较、评估，建造美观、实用、经济、环保的新一代舒适型建筑。实施建筑节能，提高建筑围护结构的隔热性能必须依靠社会各方面的共同努力，选用合格的高效节能保温隔热材料，采用安全可靠的施工技术，在建设单位和业主的共同努力下，走可持续发展道路，才能真正让建筑节能走进千家万户。

第七节　采暖建筑围护结构防潮设计

一、建筑围护结构的潮湿现象

（一）建筑潮湿环境

建筑环境的潮湿是指两方面：一是建筑空间空气的潮湿，二是建筑实体本身的潮湿。潮和湿的含义基本相同。潮的范围较广，如潮气。而湿是指局部，如湿地面。空气的潮湿状况用"含湿量"与"潮湿程度"来描述，建筑实体的潮湿状况可用"呼吸作用"描述。

"含湿量"也叫"绝对湿度"，"潮湿程度"也叫"相对湿度"或"饱和度"。含湿量与空气温度基本无关；而相对湿度与空气温度关系很大，空气温度越高，容纳水蒸气的能力越大，饱和度越低（离饱和状态越远）。所以含湿量与潮湿程度不是正比关系。在我国大部分地区雨水和地下水都比较丰富，冬季常处于低温高湿、夏季处于高温高湿，相对湿度经常保持在80%以上，这就很容易导致建筑物围护结构的受潮。

（二）材料吸湿与放湿

当湿空气和建筑构件表面相接时，水蒸气被构件所吸收，反过来也从构件中向外蒸发。这种现象叫作水蒸气的"呼吸作用"。

"呼吸作用"是"对水蒸气的呼吸作用"的简称。建筑实体含建筑结构、建筑构件。构成它们的材料是一个重要而又容易被现代人忽略的性能，那就是对水蒸气的呼吸作用。"吸"就是当潮湿空气中的水蒸气在材料表面凝结（或称"结露"）时，可以把凝结水吸进材料内部，保持材料表面干燥；当材料外部潮湿空气被干燥空气替换后，材料内部的凝结水又转变为水蒸气会发出去，又保持材料内部的干燥。如果建筑结构和构件的呼吸作用差，又遇到空气的凝结温度（或称为"露点温度")高于材料表面温度时，材料表面就充满凝结水，室内到处湿漉漉、水汪汪的。这种现象被称之为"返潮"。返潮现象并不是只发生在空气湿度最高的初春，在其他季节也会发生。

建筑物的蒸汽"呼吸作用"也可看作是传湿过程的第一步。与墙体等构件两边相接触的空气一旦有压差，便产生蒸汽渗透。湿流在墙体中移动的速度很慢，很长时间才能达到平衡。湿流在向另一侧移动前先积蓄在材料中，也可以说和吸湿现象相同。

建筑物室内的"呼吸作用"很重要，能调节房间温度，使之不引起激烈变动，这正是住户所希望的。梅雨季节尽量让建筑物吸湿，使房间内湿度下降，当冬季室内空气干燥时，又通过呼吸放湿使空气湿度保持稳定。这样的环境自然很理想。做饭时会产生很多水蒸气，容易增大房间内的湿度，让建筑物吸收一些水蒸气，可避免湿度急剧增大，有利于防止结露。有很多材料的吸水性很强，就是产生结露，其水分也能扩散到材料内部中去，能延缓表面出现水珠的时间。有少量结露就扩散开来，在干燥和结露交替过程中气候已转暖，常常一直就不会出现水珠。应该说很多新型内装修材料缺乏呼吸作用，用在房间中时，不能维持温度的稳定，也不能延缓结露的出现。

（三）围护结构的外表面冷凝

围护结构的外表面由于冷凝产生的问题较室内更明显，由于较少涉及安全问题，很久以来都不被重视。围护结构的外表面由于冷凝一般出现在空气相对湿度较大的季节。在采暖地区，由于外保温系统的存在，相比较于传统的砌体墙，面层材料的蓄热性能很低，由于外保温系统中保温层的存在，导致面层温度更低，特别是在空气透彻的夜晚和天亮时湿度较大的时候，由于宇宙辐射降温导致面层的温度较低，当空气相对湿度较大时，或者清晨太阳辐射导致空气升温，而此时在没有太阳照射的墙面的温度低于环境温度，水分在外表面冷凝，墙面吸水后破坏或微生物滋生，影响美观，在一些开缝的外挂围护系统中，当进入空腔的潮湿空气遇到较冷的表面时，如龙骨、支座、面板内表面，可能在材料表面产生冷凝，较冷的表面可能出现在采暖季，如空腔表面温度较低，在较冷的材料表面产生冷凝或凝华；由于夜间宇宙辐射降温后，大气温度较低，当早晨温度升高时，如果空气的相对湿度增加，空气中的湿度在气流的带动下进入到空腔中，空腔周围的材料温度还保持在较低时，冷凝可能会在这些表面产生，这种状况容易发生

在春秋季湿度较大的清晨。

二、围护结构防潮的重要性

墙体内的湿积累会引起建筑材料保温性能下降、强度降低、发霉。而季节性的冻融过程将直接制约着湿、热迁移的规律，给工程建设造成影响，特别是冻胀现象会出现破坏性的挤压应力，将影响建筑物的工程耐久性。湿气在建筑围护结构内的迁移和积累为霉菌的生长提供了条件。发霉是建筑物面临的一个严重问题，其直接影响到室内空气质量并对健康构成危害。因此，采取有效措施防止围护结构受潮、搞好围护结构防潮设计是一项不可忽视的重要技术性工作。外侧有卷材或其他密闭防水层的平屋顶结构，以及保温层外侧有密实保护层的多层墙体结构，当内侧结构层为加气混凝土和砖等多孔材料时，应进行内部冷凝受潮验算。采暖期间，围护结构中保温材料因内部冷凝受潮而增加的重量湿度允许增量。

对于外墙外表面较高的相对湿度滋生微生物导致的外观问题，可以从材料的吸水率、温度和含湿量等角度降低表面相对湿度，一般可以从材料性能的角度进行改进：降低面层材料的吸水率。如增加饰面层材料的憎水性，避免表面水分均匀附着在外墙表面。提高面层材料的温度从而降低材料表面的相对湿度。在白天，可以通过增加外墙的颜色深度，吸收天空的辐射提高外墙的温度；在夜间，可以通过降低材料的长波辐射率，避免在夜间向宇宙辐射热量导致温度过低，或提高蓄热性能，延缓温度过快降低。采用外保温的墙体，可在系统内部设置隔汽层，降低到达面层的水蒸气，将表层材料的相对湿度降低，对局部热桥部位进行改善，如锚栓、金属连接件等。在外墙涂料中添加杀菌剂，但是由于雨水和 UV 的作用，杀菌剂在外墙的有效性很难持续。从材料角度控制：需要考虑材料完全吸水，吸水干燥，反复吸水干燥后的性能，如强度；为了避免材料层吸水和存水，可降低面层材料的吸水率；如增加饰面层材料的憎水性，避免表面水分均匀附着在外墙表面。

三、围护结构的防潮措施

无论是对于北方还是南方，建筑构造设计都应防止水蒸气渗透进入围护结构内部，围护结构内部不应产生冷凝。即建筑设计时，应充分考虑建筑运行时的各种工况，采取有效措施确保建筑外围护结构内表面温度不低于室内空气露点温度。围护结构的防潮技术措施主要有以下几点。

（1）采用松散多孔保温材料的多层复合围护结构，应在水蒸气分压高的一侧设置隔汽层；对于有采暖、空调功能的建筑，应按采暖建筑围护结构设置隔汽层。

（2）外侧有密实保护层或防水层的多层复合围护结构，经内部冷凝受潮验算需设置隔汽层时，应严格控制保温层的施工湿度。对于卷材防水屋面或松散多孔保温材料的金属夹芯围护结构，应有与室外空气相通的排湿措施。

（3）外侧有卷材或其他密闭防水层，内侧为钢筋混凝土屋面板的屋面结构，经内部冷凝受潮验算不需设隔汽层时，应确保屋面板及其接缝的密实性，并达到所需的蒸汽渗透阻。

室内地面和地下室外墙防潮可采用下列措施：建筑室内一层地表面高于室外地坪 0.6 m 以上；采用架空通风地板时，通风口应设置活动的遮挡板，使其在冬季能方便关闭，遮挡板的热阻应满足冬季保温的要求；地面和地下室外墙可设置保温层；地面面层材料可采用蓄热系数小的材料，减少表面温度与空气温度的差值；地面面层可采用带有微孔的面层材料；面层宜采用导热系数小的材料，使地表面温度易于紧随空气温度变化；面层材料宜有较强的吸湿、解湿特性，具有对表面水分湿调节作用。

严寒地区、寒冷地区非透光建筑幕墙面板背后的保温材料应采取隔汽措施，隔汽层应布置在保温材料的高温侧（室内侧），隔汽密封空间的周边密封应严密。夏热冬冷地区、温和地区的建筑幕墙宜设置隔汽层。

在建筑围护结构的低温侧设置空气间层，保温材料层与空气层的界面宜采取防水、透气的挡风防潮措施，防止水蒸气在围护结构内部凝结。对于北方地区来说，防潮的关键在于如何预防冬季结露问题，保温材料不做隔汽处理，会导致保温材料在冬季变得潮湿，大大降低保温效果；对于南方地区来说，夏季潮湿多雨的季节，同样会影响建筑物的舒适性及耐久性。因此，无论对于北方还是南方，建筑围护结构防潮措施都至关重要，不可轻视。

第七章
建筑围护结构节能设计

第一节　我国气候因素

一、太阳辐射

太阳辐射热是地表大气热过程的主要能源，也是室外热湿环境各参数中对建筑物影响较大的因素。日照和遮阳是建筑设计必须关注的因素。在太阳辐射方面，我国占有一定优势，如北方寒冷的冬季晴天较多，日照时间普遍较长，太阳辐射强度较大。如 1 月份北京的日照时数为 204.7 h，总辐射为 283.4 MJ/m²，兰州日照时数为 188.9 h，总辐射为 253.5 MJ/m²。

（一）地球上太阳辐射年总量

太阳辐射为地球接收到的一种自然能源。太阳光线的正交面上的辐射强度约为 1.44W/m²。

（二）太阳常数与太阳辐射电磁波

太阳是一个直径相当于地球 109 倍的灼热气团，在地球大气层外，太阳与地球的平均距离处，与太阳光线垂直的地球大气层上界表面上的辐射强度 I_0。约为 1 353 W/m²，被称为太阳常数。

在太阳辐射未进入大气层之前，在不同波长的辐射中，能转化为热能的主要是可见光和红外线。太阳辐射中约有 46% 来自波长为 380 ～ 780 nm 的可见光，其次是波长为 780 ～ 3 000 nm 的近红外线。

（三）大气层对太阳辐射的吸收

太阳辐射能进入地球大气层后，由于大气层内各种气体分子和其他微粒的存在，极大地削弱了太阳辐射照度。太阳辐射遇到云层时要反射出一部分；大气层中各种气体分子的折射也减弱了太阳辐射能；大气层中的氧、臭氧、二氧化碳和水蒸气又吸收了一部分太阳辐射能；大气中尘埃对太阳辐射能的吸收也是不可忽视的。由于反射折射和吸收的共同作用，使得太阳辐射到达地面时被极大地削弱了。太阳辐射到达地面后，一部分被地面吸收，另一部分则由地面向天空反射。

地面吸收的太阳辐射热量使地面的水蒸发，极小一部分以对流、传导的方式散发热量。因此，太阳辐射能量对于地面的热交换是一个复杂的过程。

二、温度

我国北方地区不但冬天气温较低，而且持续时间也较长。即使在东部平原地区，一年内寒冷持续的时间也相当漫长。一年内日平均温度小于等于 5 ℃的天数，哈尔滨达 176 天，沈阳达 152 天，北京达 125 天；即使是在长江中下游的武汉、合肥和南京，也分别有 58 天、70 天和 75 天。这是由于这些地方冬季常有寒潮滞留的缘故。至于西部的青藏高原和北部的内蒙古高原，由于地势关系，寒冷天数比同纬度的平原地区还要长得多。

夏季，我国北方与南方的温差，较冬季小得多。这是因为北方太阳高度角虽然较低，但接受辐射热的总量差得并不多。然而，和同纬度的世界其他地区相比，除了沙漠干旱地市以外，我国又是夏季最暖热的国家之一。只有华南沿海一带和同纬度的平均温度接近，其他地区都要比世界各地同纬度的平均温度高一些，一般高 1.3 ~ 2.5 ℃。我国夏天气候还有一个特点，即极端最高气温很高，从华北平原到江南地区以至甘肃、新疆等地区，极端最高气温都超过 40 ℃。

由于引起空气温度变化的太阳辐射是周期性的，所以空气温度的年变化、日变化也是周期性的。气温可以根据气象台站的观测资料，按变化周期进行谐量分析，即将气温表示成傅里叶（Fourier）级数形式。

三、湿度

空气湿度是指空气中水蒸气的含量，空气中的水蒸气来自地表水分的蒸发，包括江河湖海、森林草原、田野耕地等，一般以绝对湿度和相对湿度来表示。绝对湿度的日变化受地面性质、水陆分布、季节寒暑、天气阴晴等因素的影响，一般是大陆低于海面，夏季低于冬季，晴天低于阴天。相对湿度日变化趋势与气温日变化趋势相反。

我国气候特点除西部和西北地区全年都相当干燥之外，整个东部经济发达地区最热月平均相对湿度均较高，一般达到 75% ~ 81%。这些地区到了最冷月，在华北地区北部相对湿度较低，而长江流域一带仍保持较高相对湿度，达到 73% ~ 83%。由此可见，相对湿度过高，伴随着冬冷夏热的气候条件，会使人感到更加不适。在湿热天气里，人体排汗不易散发，使人感到闷热；而在湿冷的天气里，人体皮肤接触到较多寒凉水汽，使人感到阴冷。因此，改善我国建筑物室内热环境成为一个迫切需要解决的问题。表7-1给出的是标准大气压下的饱和水蒸气压力和绝对湿度的数值，各值均为空气温度的函数。

表7-1 标准大气压下饱和水蒸气压力和绝对湿度

空气温度/℃	水蒸气压力/mmHg	绝对湿度/（g/m³）
-20	0.96	0.66
-10	2.15	1.64
0	4.58	3.77
5	6.54	5.41
10	9.21	7.53
15	12.79	10.46
20	17.54	14.35
25	23.76	20.17
30	31.82	27.33
35	42.18	36.76
40	55.32	49.14
45	71.79	65.41
50	92.51	86.86

第二节　建筑围护结构传热系数限值

根据建筑物所处城市的气候分区区属不同，建筑围护结构的传热系数不应大于表7-2～表7-6规定的限值，周边地面和地下室外墙的保温材料属热阻不应小于表7-2～表7-6规定的限值，寒冷（B）区外窗综合遮阳系数不应大于表7-7规定的限值。

表7-2　严寒（A）区围护结构热工性能参数限值

围护结构部位		传热系数K/[W/（m²·K）]		
		≤3层建筑	4~8层的建筑	≥9层建筑
屋面		0.20	0.25	0.25
外墙		0.25	0.40	0.50
架空或外挑楼板		0.30	0.40	0.40
非采暖地下室顶板		0.35	0.45	0.45
分隔采暖与非采暖空间的隔墙		1.2	1.2	1.2
分隔采暖与非采暖空间的户门		1.5	1.5	1.5
阳台门下部门芯板		1.2	1.2	1.2
外窗	窗墙面积比≤0.2	2.0	2.5	2.5
	0.2≤窗墙面积比≤0.3	1.8	2.0	2.2
	0.3≤窗墙面积比≤0.4	1.6	1.8	2.0
	0.4≤窗墙面积比≤0.45	1.5	1.6	1.8
围护结构部分		保温隔热层热阻R/[（m²·K）/W]		
周边地面		1.70	1.40	1.10
地下室外墙（与土壤接触的外墙）		1.80	1.50	1.20

表7-3　严寒（B）区围护结构热工性能参数限值

围护结构部位		传热系数K/[W/（m²·K）]		
		≤3层建筑	4~8层的建筑	≥9层建筑
屋面		0.25	0.30	0.30
外墙		0.30	0.45	0.55
架空或外挑楼板		0.30	0.45	0.45
非采暖地下室顶板		0.35	0.50	0.50
分隔采暖与非采暖空间的隔墙		1.2	1.2	1.2
分隔采暖与非采暖空间的户门		1.5	1.5	1.5
阳台门下部门芯板		1.2	1.2	1.2
外窗	窗墙面积比≤0.2	2.0	2.5	2.5
	0.2≤窗墙面积比≤0.3	1.8	2.2	2.2
	0.3≤窗墙面积比≤0.4	1.6	1.9	2.0
	0.4≤窗墙面积比≤0.45	1.5	1.7	1.8
围护结构部分		保温隔热层热阻R/[（m²·K）/W]		
周边地面		1.40	1.10	0.83
地下室外墙（与土壤接触的外墙）		1.50	1.20	0.91

表7-4 严寒（C）区围护结构热工性能参数限值

围护结构部位		传热系数K/[W/（m²·K）]		
		≤3层建筑	4～8层的建筑	≥9层建筑
屋面		0.30	0.40	0.40
外墙		0.35	0.50	0.60
架空或外挑楼板		0.35	0.50	0.50
非采暖地下室顶板		0.50	0.60	0.60
分隔采暖与非采暖空间的隔墙		1.5	1.5	1.5
分隔采暖与非采暖空间的户门		1.5	1.5	1.5
阳台门下部门芯板		1.2	1.2	1.2
外窗	窗墙面积比≤0.2	2.0	2.5	2.5
	0.2≤窗墙面积比≤0.3	1.8	2.2	2.2
	0.3≤窗墙面积比≤0.4	1.6	2.0	2.0
	0.4≤窗墙面积比≤0.45	1.5	1.8	1.8
围护结构部分		保温隔热层热阻R/[（m²·K）/W]		
周边地面		1.10	0.83	0.56
地下室外墙（与土壤接触的外墙）		1.20	0.91	0.61

表7-5 寒冷（A）区围护结构热工性能参数限值

围护结构部位		传热系数K/[W/（m²·K）]		
		≤3层建筑	4～8层的建筑	≥9层建筑
屋面		0.35	0.45	0.45
外墙		0.45	0.60	0.70
架空或外挑楼板		0.45	0.60	0.60
非采暖地下室顶板		0.50	0.65	0.65
分隔采暖与非采暖空间的隔墙		1.5	1.5	1.5
分隔采暖与非采暖空间的户门		2.0	2.0	2.0
阳台门下部门芯板		1.7	1.7	1.7
外窗	窗墙面积比≤0.2	2.8	3.1	3.1
	0.2≤窗墙面积比≤0.3	2.5	2.8	2.8
	0.3≤窗墙面积比≤0.4	2.0	2.5	2.5
	0.4≤窗墙面积比≤0.45	1.8	2.0	2.3
围护结构部分		保温隔热层热阻R/[（m²·K）/W]		
周边地面		0.83	0.56	-
地下室外墙（与土壤接触的外墙）		0.91	0.61	-

表7-6　寒冷（B）区围护结构热工性能参数限值

围护结构部位		传热系数K/[W/（m²·K）]		
		≤3层建筑	4～8层的建筑	≥9层建筑
屋面		0.35	0.45	0.45
外墙		0.45	0.60	0.70
架空或外挑楼板		0.45	0.60	0.60
非采暖地下室顶板		0.50	0.65	0.65
分隔采暖与非采暖空间的隔墙		1.5	1.5	1.5
分隔采暖与非采暖空间的户门		2.0	2.0	2.0
阳台门下部门芯板		1.7	1.7	1.7
外窗	窗墙面积比≤0.2	2.8	3.1	3.1
	0.2≤窗墙面积比≤0.3	2.5	2.8	2.8
	0.3≤窗墙面积比≤0.4	2.0	2.5	2.5
	0.4≤窗墙面积比≤0.45	1.8	2.0	2.3
围护结构部分		保温隔热层热阻R/[（m²·K）/W]		
周边地面		0.83	0.56	－
地下室外墙（与土壤接触的外墙）		0.91	0.61	－

注：周边地面和地下室外墙的保温材料层不包括土壤和混凝土地面。

表7-7　寒冷（B）区外窗综合遮阳系数限值

围护结构部位		传热系数K/[W/（m²·K）]		
		≤3层建筑	4～8层的建筑	≥9层建筑
外窗	窗墙面积比≤0.2	－	－	－
	0.2≤窗墙面积比≤0.3	－	－	－
	0.3≤窗墙面积比≤0.4	0.45/-	0.45/-	0.45/-
	0.4≤窗墙面积比≤0.45	0.35/-	0.35/-	0.35/-

第三节　建筑物墙体节能设计

对外墙进行保温，无论是外保温、内保温还是夹心保温，都能够提高冷天外墙内表面温度，使室内气候环境有所改善。

外墙按其主体结构所用材料分类，目前主要有：加气混凝土外墙、黏土空心砖外墙、黏土（实心）砖外墙、混凝土空心砌砖外墙、钢筋混凝土外墙、其他非黏土砖外墙等。

外墙按其保温层所在的位置分类，目前主要有：单一保温外墙、外保温外墙、内保温外墙和夹芯保温外墙四种类型。常见的单一材料保温墙体有加气混凝土保温墙体、各种多孔砖墙体、空心砌块墙体等。

一、外墙的传热系数计算

外墙的传热系数系指考虑了热桥影响后计算得到的平均传热系数，平均传热系数计算应符合下列要求：

（1）一个单元墙体的平均传热系数可按下式计算：

$$K_m = K + \frac{\sum \psi_j l_j}{A} \qquad (7-1)$$

式中：K_m——单元墙体的平均传热系数，[W/（m^2·K）]；

K——单元墙体的主断面传热系数，[W/（m^2·K）]；

ψ_j——单元墙体上的第 j 个结构性热桥的线传热系数，[W/（m·K）]；

l_j——单元墙体第 j 个结构性热桥的计算长度，（m）；

A——单元墙体的面积，（m^2）。

（2）在建筑外围护结构中，墙角、窗间墙、凸窗、阳台、屋顶、楼板、地板等处形成的热桥称为结构性热桥。结构性热桥对墙体、屋面传热的影响可利用线传热系数 ψ 描述。

（3）当墙面上存在平行热桥且平行热桥之间的距离很小时，应一次同时计算平行热桥的线传热系数之和。

（4）线传热系数 ψ 可利用二维稳态传热计算软件计算。

（5）计算建筑的某一面外墙（或全部外墙）的平均传热系数，可先计算各个不同单元墙的平均传热系数，然后再依据面积加权的原则，计算某一面外墙（或全部外墙）的平均传热系数。

当某一面外墙（或全部外墙）的主断面传热系数 K 均一致时，也可直接按式（7-1）计算某一面外墙（或全部外墙）的平均传热系数，这时式（7-1）中

的 A 是某一面外墙（或全部外墙）的面积，式（7-1）中的 $\sum \psi l$；是某一面外墙（或全部外墙）的面积全部结构性热桥的线传热系数和长度乘积之和。

（6）单元屋顶的平均传热系数等于其主断面的传热系数。当屋顶出现明显的结构性热桥时，屋顶平均传热系数的计算方法与墙体平均传热系数的计算方法相同，也应按式（7-1）计算。

二、混凝土小型空心砌块墙体

混凝土小型空心砌块（简称混凝土小砌块）是以水泥、砂、石等普通混凝土材料制成的。其空心率为 25%～50%。混凝土小型空心砌块适用于建筑地震设计烈度为 8 度及 8 度以下地区的各种建筑墙体，包括高层与大跨度的建筑，也可以用于围墙、挡土墙、桥梁和花坛等市政设施，应用范围十分广泛。

（一）材料要求

混凝土小型空心砌块是替代实心黏土砖的重要墙体材料，其原材料是以水泥、煤渣、陶粒、浮石、自然煤矸石等为粗骨料，加适量的掺和料、外加剂，用水搅拌经机械振动成型。

（二）热工性能要求

盲孔复合保温：制品是采用炉渣混凝土与高效保温材料聚苯板复合，榫式连接，盲孔处理，以保温层切断热桥，便于砌筑，又避免灰浆入孔，从而使保温性能大幅度提高。此制品抹 2 cm 灰浆，热阻值可达 0.81 m² · K/W。

（三）使用注意事项

（1）小砌块采用自然养护时，必须养护 28 d 后方可使用。

（2）出厂时小砌块的相对含水率必须严格控制在标准规定范围内。

（3）小砌块在施工现场堆放时，必须采用防雨措施。

（4）浇筑前，小砌块不允许浇水预湿。

（四）特性

1. 优点

自重轻，热工性能好，抗震性能好，砌筑方便，墙面平整度好，施工效率高等。不仅可以用于非承重墙，较高强度等级的砌块也可用于多层建筑的承重墙。可充分利用我国各种丰富的天然轻集料资源和一些工业废渣为原料，对降低砌块生产成本和减少环境污染具有良好的社会和经济双重效益。

2. 弱点

块体相对较重、易产生收缩变形、易破损、不便砍削加工等，处理不当，砌体易出现开裂、漏水、人工性能降低等质量问题。

混凝土小型空心砌块生产、设计、施工以及质量管理等方面均应注意保证其特殊要求。砌块出厂必须要达到规定的出厂强度。砌块装卸和运输应平稳，装卸时，应轻拿轻放，避免撞击，严禁倾斜重掷。装饰砌块在装运过程中，不得弄脏和损伤饰面。砌块应按不同规格和等级分别整齐堆放，堆垛上应设标志，堆放场地必须平整，并做好排水，地面上宜铺垫一层煤渣屑或石屑、碎石等。砌块应按密度等级和强度等级、质量等级分批堆放，不得混杂。混凝土空心小型砌块的堆叠高度不超过 1.6 m，开口端应向下放置。堆垛间应保留适当通道，并采取防止雨淋措施。

（五）适用范围

适用于一般工业与民用建筑的砌块房屋，尤其是适用于多层建筑的承重墙体及框架结构填充墙。

三、多孔砖墙体建筑构造

（一）材料要求

多孔砖是以黏土、页岩、煤矸石、粉煤灰、淤泥（江河湖淤泥）及其他固体废弃物等为主要原料经焙烧而成，主要用于承重部位，按主要原料砖分为黏土砖（N）、页岩砖（Y）、煤矸石砖（M）、粉煤灰砖（F）、淤泥砖（U）、固体废弃物砖（G）。砖的外形为直角六面体，其长度、宽度、高度尺寸应符合下列要求：290，240，190，180，140，115，90，其他规格尺寸由供需双方协商确定。

（1）根据抗压强度分为 MU30、MU25、MU20、MU15、MU10 五个强度等级，砖的密度等级分为 1 000、1 100、1 200、1 300 四个等级。

（2）泛霜。每块砖或砌块不允许出现严重泛霜。

（3）石灰爆裂。

①破坏尺寸大于 2 mm 且小于或等于 15 mm 的爆裂区域，每组砖和砌块不得多于 15 处。其中大于 10 mm 的不得多于 7 处。

②不允许出现破坏尺寸大于 15 mm 的爆裂区域。

（4）抗风化性能。

严重风化区中地区的砖、砌块和其他地区以淤泥、固体废弃物为主要原料生产的砖和砌块必须进行冻融试验；其他地区以黏土、粉煤灰、页岩、煤矸石为主要原料生产的砖和砌块的抗风化性能符合规定时可不做冻融试验，否则必须进行冻融试验。

（二）建筑设计

1. 平面设计

三模（3M）轴线定位。多层住宅外墙厚 340 mm、240 mm 或 190 mm；内墙厚 240 mm 或 190 mm。340 mm 外墙用 DM1+DM4 组砌，轴线内侧 120 mm，外侧 220 mm，240 mm 或 190 mm 墙体用 DM1 或 DM2 砌筑，轴线分中。隔墙厚 90 mm，用 DM4 砌筑。

2. 竖向设计

多层住宅层高 2.7 m 或 2.8 m。首皮砖从防潮层以上（–0.100 m）及各层建筑楼面标高或 –0.100 mm 处开始。内门洞口高 2.0 m，外窗和阳台门或门联窗洞口高 2.3 m（层高 2.7 m）或 2.4 m（层高 2.8 m），窗台高 900 mm 或按工程设计。楼面面层厚 50 mm 或 100 mm。

3. 结构设计

墙体 240 mm 厚建筑，抗震设防烈度八度区限高 18 m，6 层；七度、六度区限高 21 m，7 层。墙体 190 mm 厚建筑八度区限高 15 m，5 层；七度区限高 18 m，6 层；六度区限高 21 m，7 层。楼盖采用现浇或装配式钢筋混凝土板。340 墙、240 墙构造柱截面 240 mm × 240 mm；端部转角处可加大至 240 mm × 290 mm。190 墙构造柱截面 240 mm × 190 mm。构造柱马牙槎进退 60 mm，每步高 200 mm。240、190 墙圈梁同墙宽；340 墙体圈梁宽 240 mm；高不小于 150 mm。340 外墙圈梁、构造柱均不外露。专用过梁高 90 mm、190 mm。混凝土强度等级 C15、C20。砂浆强度等级 M5、M7.5、M10。构造柱、圈梁设置、女儿墙和挑檐做法、保温阳台灯构造措施可以参见相关图集的做法。

4. 热工设计

多孔砖热工性能优于普通砖。普通砖墙体导热系数为 0.81 W/（m·K），黏土多孔砖墙体导热系数为 0.6 W/（m·K），降低约 25%，即 340 mm 厚模数多孔砖（或 365 mm 厚 KP1 多孔砖）墙体的传热系数相当于 490 mm 厚普通砖墙体。

5. 细部设计

设备埋件及孔洞应预留，不得临时剔凿；不得预留或剔凿横向槽、斜向槽；不得埋设横向斜向暗管；不得使用射钉或膨胀螺栓；个别必须剔孔，尺寸不得大于 90 mm × 90 mm，后灌实 C20 细石混凝土；暗敷电线电缆管可随砌随埋，竖向管亦可用开槽机，但截面不大于 60 mm × 60 mm；竖向管束密集部分墙体可砌成马牙槎并设拉结筋，后灌注 C20 细石混凝土。

四、保温浆料外墙外保温构造

（一）TS20 外墙外保温建筑节能构造

TS20 外墙外保温建筑节能构造，它包括两个体系：TS20 聚苯颗粒外墙保温体系、TS20 复合外墙保温体系。

构造分为保温层材料和保护层材料。保温层的主要材料是由 TS20 胶粉料与聚苯颗粒组成的聚苯颗粒保温浆料；保护层的主要材料是由 TS20R 乳液与水泥砂浆组成聚合砂浆，起保护、防水作用。整体保温系统使用后，节能效果达到或超过 50% 节能要求。

（二）TS20W 墙体保温系统构造

（1）基层墙体应符合施工要点要求。

（2）保温层最小厚度根据条件由相关资料查出或由设计人员计算确定。

（3）烧结普通砖墙可不用界面砂浆。

（4）TOX 尼龙胀钉根据墙体材料、保温层厚度选用不同品种。

（5）镀锌轻钢角铁规格 40 mm × 40 mm × 1.0 mm 在楼层分层位置用射钉枪沿外墙固定。

（6）建筑物总高度一般用 H 表示。

（三）聚苯颗粒浆料外墙外保温技术及饰面构造

涂料饰面构造的 TS20 保温层是 100% 无空腔黏结主体墙，多层抗裂，多道防水，保温防水双功能，保温界面不产生结露，具有优异的抗风压、抗冻胀破坏能力。

TS96D 弹性防水涂料不但晴雨天表面颜色不变，且长期不褪色，适合南北方各地区外墙外保温，无热桥效应。

面砖饰面构造的 TOX 尼龙胀钉可消除保温层热桥效应，同时另外形成刚性支撑系统，强化保温系统可靠性；每层楼设一道薄角钢横担，用射钉固定；TOX尼龙胀钉可以和带尾孔射钉同时使用，并降低造价。当保温层厚度＞60 mm以上时，采用复合锚固聚苯板构造。

五、热桥保温处理

内保温复合节能墙体、单一材料墙体不可避免存在"热桥"。为减小热桥对墙体热工性能的影响，避免低温和梅雨潮湿季节热桥部位结露，应对热桥作保温处理。

（一）龙骨部位的保温

龙骨一般设置在板缝处。以石膏板为面层的现场拼装保温板必须采用聚苯石膏板复合保温龙骨。

（二）丁字墙部位保温

在此处形成热桥不可避免，但必须采取有效措施保证此处不结露。解决的办法是保持有足够的热桥长度，并在热桥两侧加强保温。以"R_a"和隔墙宽度"S"来确定必要的热桥长度"l"，如果"l"不能满足要求，则应加强此部位的保温做法。

（三）拐角部位保温

拐角部位温度与板面温度相比较，其降低率是很大的，加强此处的保温后，降低率减少很多。

第四节　建筑物门窗节能设计

门窗是装设在墙洞中可启闭的建筑构件。门的主要作用是交通联系和分隔建筑空间。窗的主要作用是采光、通风、日照、眺望。门窗均属围护构件，除满足基本使用要求外，还应具有保温、隔热、隔声、防护等功能。此外，门窗的设计对建筑立面起了装饰与美化作用。

门窗设计是住宅建筑围护结构节能设计中的重要环节，同时由于门窗本身具有多重性，使其节能的设计也成为最复杂的设计环节。

建筑门窗通常是围护结构保温、隔热和节能的薄弱环节，是影响冬、夏季室内热环境和造成采暖和空调能耗过高的主要原因。随着我国国民经济的迅速发展，人们对冬夏季室内热环境提高了要求，我国建筑热工规范和节能标准对窗户的保温隔热性能和气密性也提出了更高的要求，做出了新的规定，大大地促进了我国门窗业的发展。

一、节能门窗简介

（一）门窗性能比较

我国目前使用的门窗性能比较见表7-8。

表7-8　我国目前使用门窗性能比较

特性	窗户类型					
	钢窗	铝合金窗	木窗	塑料窗	塑钢窗	断桥铝合金窗
保温性	差	差	优	优	优	优
抗风性	优	良	良	差	良	良
空气渗透性	差	良	差	良	优	优
雨水渗透性	差	差	差	良	良	良
耐火性	优	优	差	差	差	良

目前，常用的门窗主要有木、塑、钢、铝、玻璃钢等材料，不同材料的传热系数见表7-9。

表7-9　不同材料的传热系数

材料名称	传热系数/[W/（m²·K）]
铝材	203
钢材	110.9
玻璃	0.81
玻璃钢	0.27
松木	0.17
PVC	0.30
空气	0.046

（二）铝合金节能门窗

（1）门、窗按外围和内围护用，划分为两类：①外墙用，代号为 W；②内墙用，代号为 N。

（2）门、窗按使用功能划分的类型和代号及其相应性能项目分别见表7-10和表7-11。

表7-10　门的功能类型和代号

性能项目	普通型 PT		隔声型 GS		保温型 BW		遮阳型 ZY
	外门	内门	外门	内门	外门	内门	外门
抗风压性能（P_3）	◎		◎		◎		◎
水密性能（ΔP）	◎		◎		◎		◎
气密性能（q_1；q_2）	◎	○	◎	○	◎	○	◎
空气声隔声性能（R_W+C_{tr}；R_W+C）			◎	◎			
保温性能（K）					◎		◎
遮阳性能（SC）							
启闭力	◎	◎	◎	◎	◎	◎	◎
反复启闭性能	◎	◎	◎	◎	◎	◎	◎
耐撞击性能	◎	◎	◎	◎	◎	◎	◎
抗垂直荷载性能	◎	◎	◎	◎	◎	◎	◎
抗静扭曲性能	◎	◎	◎	◎	◎	◎	◎

注：1. ◎为必需性能；○为选择性能。

2. 地弹簧门不要求气密、水密、抗风压、隔声、保温性能。

3. 耐撞击、抗垂直荷载和抗静扭曲性能为平开旋转类门必需性能。

表7-11　窗的功能类型和代号

性能项目	普通型 PT		隔声型 GS		保温型 BW		遮阳型 ZY
	外窗	内窗	外窗	内窗	外窗	内窗	外窗
抗风压性能（P_3）	◎		◎		◎		◎
水密性能（ΔP）	◎		◎		◎		◎
气密性能（q_1；q_2）	◎		◎		◎		◎
空气声隔声性能（R_W+C_{tr}／R_W+C）			◎	◎			
保温性能（K）					◎	◎	
遮阳性能（SC）							◎
采光性能（T_t）	○		○		○		○
启闭力	◎	◎	◎	◎	◎	◎	◎
反复启闭性能	◎	◎	◎	◎	◎	◎	◎

注：◎为必需性能；○为选择性能。

（3）铝合金窗表面质量。表面不应有铝屑、毛刺、油污或其他污迹；密封胶缝应连续、平滑，连接处不应有外溢的胶黏剂；密封胶条应安装到位，四角应镶嵌可靠，不应有脱开的现象。门窗框扇铝合金型材表面没有明显的色差、凹凸不平、划伤、擦伤、碰伤等缺陷。在一个玻璃分格内，铝合金型材表面擦伤、划伤应符合表7-12的规定。

表7-12　门窗框扇铝合金型材表面擦伤、划伤要求

项目	要求	
	室外侧	室内侧
擦伤、划伤深度	不大于表面处理层厚度	
擦伤总面积/mm²	≤500	≤300
划伤总长度/mm	≤150	≤100
擦伤和划伤处数	≤4	≤3

（4）门窗及框扇装配尺寸偏差。门窗尺寸及形式允许偏差和框扇组装尺寸偏差应符合表7-13的规定。

表7-13　门窗及装配尺寸偏差　　　　　　　　（单位：mm）

项目	尺寸范围	允许偏差	
		门	窗
门窗宽度、高度构造内侧尺寸	＜2 000	±1.5	
	2 000～3 500	±2.0	
	≥3 500	±2.5	
门窗宽度、高度构造内侧尺寸对边尺寸之差	＜2 000	≤2.0	
	2 000～3 500	≤3.0	
	≥3 500	≤4.0	
门窗框与扇搭接宽度		±2.0	±0.0
框、扇杆件接缝高低差	相同截面型材	≤0.3	
	不同截面型材	≤0.5	
框、扇杆件装配间隙		≤0.3	

（三）中空玻璃门窗

中空玻璃是由两片或多片玻璃以有效支撑均匀隔开并周边黏接密封，使玻璃层间形成有干燥气体空间的制品。

（1）常用中空玻璃形状和最大尺寸见表7-14。

表7-14　常用中空玻璃形状和最大尺寸　　　　　（单位：mm）

玻璃厚度	间隔厚度	长边最大尺寸	短边最大尺寸（正方形除外）	最大面积/m²	正方形边长最大尺寸
3	6	2 110	1 270	2.4	1 270
	9～12	2 110	1 270	2.4	1 270
4	6	2 420	1 300	2.86	1 300
	9～10	2 440	1 300	3.17	1 300
	12～20	2 440	1 300	3.17	1 300
5	6	3 000	1 750	4.00	1 750
	9～10	3 000	1 750	4.80	2 100
	12～20	3 000	1 815	5.10	2 100
6	6	4 550	1 980	5.88	2 000
	9～10	4 550	2 280	8.54	2 440
	12～20	4 550	2 440	9.00	2 440
10	6	4 270	2 000	8.54	2 440
	9～10	5 000	3 000	15.00	3 000
	12～20	5 000	3 180	15.90	3 250
12	12～20	5 000	3 180	15.90	3 250

（2）中空玻璃的长度及宽度允许偏差见表7-15所示。

表7-15　中空玻璃长度及宽度允许偏差　　　　　（单位：mm）

长（宽）度L	L<1000	1000≤L<2000	L≥2000
允许偏差	±2	±2、-3	±3
公称厚度t	t<17	17≤t<22	t≥22
允许偏差	±1.0	±1.5	±2.0

注：中空玻璃的公称厚度为玻璃原片的玻璃厚度与间隔层厚度之和。

（3）中空玻璃两对角线之差。正方形和矩形中空玻璃对角线之差应不大于对角线平均长度的0.2%。

（4）中空玻璃的胶层厚度。单道密封胶层厚度为（10±2）mm，双道外层密封胶层厚度为5～7 mm，胶条密封胶层厚度为（8±2）mm，特殊规格或有特殊要求的产品由供需双方商定。

（5）密封性能。20块4 mm+12 mm+4 mm试样全部满足以下两条规定为合格：

①在试验压力低于环境气压（10±0.5）kPa下，初始偏差必须不小于0.8 mm；

②在该气压下保持2.5 h后，厚度偏差的减少应不超过初始偏差的15%。

20块5 mm+9 mm+5 mm试样全部满足以下两条规定为合格：

①在试验压力低于环境气压（10±0.5）kPa下，初始偏差必须不小于0.5 mm；

②在该气压下保持2.5 h后，厚度偏差的减少应不超过初始偏差的15%。

（6）露点。20块试样露点均不大于–40 ℃为合格。

（7）耐紫外线辐射性能。2块试样紫外线照射168 h，试样内表面上均无结雾或污染的痕迹、玻璃原先无明显错位和产生胶条蠕变为合格，如果有1块或2块试样不合格，可另取2块备用试样重新试验，2块试样均满足要求为合格。

（8）气候循环耐久性能。试样经循环试验后进行露点测试。4块试样露点不大于–40 ℃为合格。

（9）高温高湿耐久性能。试样经循环试验后进行露点测试。8块试样露点不大于–40 ℃为合格。

（四）平板玻璃门窗

平板玻璃按颜色属性分为无色透明平板玻璃和本体着色平板玻璃。

（1）平板玻璃应切裁成矩形，其长度和宽度的尺寸偏差应不超过表7-16规定。

表7–16　尺寸偏差　　　　　　　　　　（单位：mm）

公称厚度	尺寸偏差	
	尺寸≤3 000	尺寸＞3 000
2～6	±2	±3
8～10	±2、–3	±3、–4
12～15	±3	±4
19～25	±5	±5

（2）无色透明平板玻璃可见光透射比应不小于表7-17的规定。

表7–17　无色透明平板玻璃可见光透射比最小值

公称厚度/mm	2	3	4	5	6	8	10	12	15	19	22	25
可见光透射比最小值/%	89	88	87	86	85	83	81	79	76	72	69	67

（3）本体着色平板玻璃可见光透射比、太阳光直接透射比、太阳能总透射比偏差应不超过表7-18的规定。

表7–18　本体着色平板玻璃透射比偏差

种类	偏差/%
可见光（380～780 mm）透射比	2.0
太阳光（300～2 500 mm）直接透射比	3.0
太阳能（300～2 500 mm）总透射比	4.0

（4）本体着色平板玻璃颜色均匀性，同一批产品色差应符合 $\Delta E_{ab}^{*} \leqslant 2.5$。

二、建筑物外门节能设计

这里外门包括户门（不采暖楼梯间）、单元门（采暖楼梯间）、阳台门以及与室外空气直接接触的其他各式各样的门。

（一）门的尺寸

1. 居住建筑中门的尺寸

（1）门的宽度：单扇门约 800 ～ 100 mm；双扇门为 1 200 ～ 1 400 mm。

（2）门的高度：一般为 2 000 ～ 2 200 mm；有亮子的则高度需增加 300 ～ 500 mm。

2. 公共建筑中门的尺寸

（1）门的宽度：一般比居住类建筑物稍大。单扇门为 950 ～ 1 000 mm；双扇门为 1400 ～ 1800 mm。

（2）门的高度：一般为 2 100 ～ 2 300 mm；带亮子的应增加 500 ～ 700 mm。

（3）四扇玻璃外门宽为 2 500 ～ 3 200 mm；高（连亮子）可达 3 200 mm；可视立面造型与房高而定。

（二）门的热阻和传热系数

门的热阻一般比窗户的热阻大，而比外墙和屋顶的热阻小，因而也是建筑外围护结构保温的薄弱环节，不同种类门的传热系数值相差很大，铝合金门的传热系数要比保温门大2.5倍，在建筑设计中，应当尽可能选择保温性能好的保温门。

外门的另一个重要特征是空气渗透耗热量特别大。与窗户不同的是，门的开启频率要高得多，这使得门缝的空气渗透程度要比窗户缝的大得多，特别是容易变形的木制门和钢制门。

三、建筑物外窗节能设计

窗在建筑上的作用是多方面的，除需要满足视觉的联系、采光、通风、日照及建筑造型等功能要求外，作为围护结构的一部分应同样具有保温隔热、得热或散热的作用。因此，外窗的大小、形式、材料和构造就要兼顾各方面的要求，以取得整体的最佳效果。

（一）窗的尺寸

通常平开窗单扇宽不大于600 mm；双扇宽度900～1 200 mm；三扇窗宽1 500～1 800 mm；高度一般为1 500～2 100 mm；窗台离地高度为900～1 000 mm。旋转窗的宽度、高度不宜大于1 m，超过时须设中竖框和中横框。窗台高度可适当提高，约1 200 mm左右。推拉窗宽不大于1 500 mm，高度一般不超过1 500 mm，也可设亮子。

（二）窗的传热系数和气密性

窗户的传热系数和气密性是决定其保温节能效果优劣的主要指标。窗户传热系数，应按国家计量认证的质检机构提供的测定值采用。严寒和寒冷地区居住建筑对窗户保温性能的要求：严寒地区外窗及敞开式阳台门的气密性等级不应低于国家标准中规定的6级；寒冷地区1～6层的外窗及敞开式阳台门的气密性等级不应低于国家标准中规定的4级，7层及7层以上不应低于6级。

（三）窗的保温节能措施

1. 控制窗墙比

窗墙比指窗户面积与窗户面积加上外墙面积之比值。窗户的传热系数一般大于同朝向外墙的传热系数，因此，采暖耗热量随窗墙比的增加而增加，不同地区的窗墙比要求不一样。

2. 减少窗户的空气渗透量

窗户存在墙与框、框与扇、扇与玻璃之间的装配缝隙，就会产生室内外空气交换，从建筑节能的角度讲，在满足室内卫生换气的条件下，通过门窗缝隙的空气渗透量过大，就会导致冷、热耗增加，因此，必须控制门窗缝隙的空气渗透量。

另外，加强窗户的气密性可采取以下措施：

（1）通过提高窗用型材的规格尺寸、准确度、尺寸稳定性和组装的精确度以增加开启缝隙部位的搭接量，减少开启缝的宽度达到减少空气渗透的目的。

（2）采用气密条，提高外窗气密水平。各种气密条由于所用材料、断面形状、装置部位等情况不同，密封效果也略有差异。

（3）改进密封方法。对于框与扇和扇与玻璃之间的间隙处理，目前国内均采用双级密封的方法，而国外在框与扇之间却已普遍采用三级密封的做法。通过这一措施，使窗的空气泄漏量降到1 $m^3/$（m·h）以下，而国内同类窗的空气渗透量却为1.6 $m^3/$（m·h）左右，故应逐步推广采用三级密封方式。

（4）应注意各种密封材料和密封方法的互相配合。近年来的许多研究表明，在封闭效果上，密封料要优于密封件。这与密封料和玻璃、窗框等材料之间处于黏合状态有关。但是，框扇材料和玻璃等在干湿温变作用下所发生的变形，会影响到这种静力状态的保持，从而导致密封失效。密封件虽对变形的适应能力较强，且使用方便，但其密封作用却不完全可靠。

因此，只简单地以密封料嵌注于窗缝，或仅仅使用密封条的方法都是不妥的。建议采用如下密封方法：

①在玻璃下安设密封的衬垫材料；

②在玻璃两侧以密封条加以密封（可兼具固定作用）；

③在密封条上方再加注密封料。

（5）确定门窗的空气渗透量（气密等级）。由门窗缝隙引起的室内外空气渗透量是由门窗两侧所承受的风压差和热压差所决定的，其影响因素十分复杂，一般来说，风压差和热压差与建筑物的形式、门窗所处的高度、朝向及室内外温差等因素有关。

3. 选择适宜的窗形

窗的几何形式与面积以及开启窗扇的形式对窗的保温节能性能有很大影响。

因此，我们应选择缝长与开扇面积比较小的窗形，因为这样的窗形在具有相近的开扇面积下，开扇缝较短，节能效果好。总结开扇形式的设计要点如下。

（1）在保证必要的换气次数前提下，尽量缩小开扇面积。

（2）选用周边长度与面积比小的窗扇形式，即接近正方形有利于节能。

（3）镶嵌的玻璃面积尽可能大。

4. 利用空气间隔层增加窗户传热阻

吸热玻璃和热反射玻璃的导热系数与普通玻璃的导热系数是基本相同的（导热系数的差异一般是由被测玻璃试样的厚度规格不同而引起的）。中空玻璃的导热系数比普通平板玻璃、蓝色吸热玻璃、热反射玻璃的导热系数低1倍左右，阻热性能显著提高。这是由于增加了空气间隔层的原因。

另外，在带空气间隔层的双层玻璃的传热结构中，由于空气的导热系数很低 $[0.04\ \text{W/}(\text{m·K})]$，因此极大地提高了双层玻璃的热阻性能。这个空气间层的厚薄与传热阻的大小有着一定的规律性，在门窗材质、窗形构造相同的情况下，空气间层愈大，传热阻愈大。但空气间层厚度达到一定程度后，传热阻的增大率就很小了。因为当空气层厚度增大到一定程度后，空气在玻璃之间温差的作用下就会产生一定的对流作用，从而降低了空气层增厚的作用。例如：空气间层由 9 mm 增加至 15 mm，传热系数降低 10%；15 mm 增加至 20 mm，降低 2%。因此，超过 20 mm 厚的空气间层厚度再加大效果并不明显。另外，在两层玻璃间充入导热系数更小的惰性气体（如氩气、氦气等）或其他绝热气体，做成特殊中空玻璃，则可获得更好的阻热效果。

利用空气间隔层的作用，可以将窗户做成双层窗、单框双玻窗或中空玻璃窗。单框玻璃窗与双层窗和普通中空玻璃（空气隔层）的热阻性能比较接近，但双层窗所耗窗框材料多，成本高，而中空玻璃的价格也较高，因此选用单框双玻窗较为经济。

5. 提高窗框的保温性能

窗户（包括阳台门上部透明部分）通常由窗框和玻璃两部分组成。窗框窗洞面积比通常要达到 25% ~ 40%，如果采用金属窗框（如钢材和铝合金框），其导热系数分别为 58 W/（m·K）和 203 W/（m·K），要比木材或聚氯乙烯塑料大360 ~ 1 260 倍。因此金属窗的保温性能通常要比木窗和塑料窗差。而窗框采用木材或聚氯乙烯塑料，其导热系数仅为 0.16 W/（m·K）左右，大大提高了窗户的保温性能。此外，铝合金窗框采用填充硬质聚氨酯泡沫这种断热措施，也能大大提高窗户的保温性能。

框扇型材部分加强保温节能效果可采取以下三个途径：一是选择导热系数较小的框料。二是采用导热系数小的材料截断金属框扇型材的热桥制成断桥式窗，效果很好。钢木型较钢塑型的传热系数要小些，尽管塑料（PVC）的导热系数为 0.16 W/（m·K），小于木材的导热系数 0.23 W/（m·K），但从复合型框扇构件来看，木质配件的热阻大于塑料配件（木质配件厚度大于塑料配件厚度）。因此钢木型略小于钢塑型。三是利用框料内的空气腔室或利用空气层截断金属框扇的热桥。目前应用的双樘串联钢窗即是以此作为隔断传热的一种有效措施。

风速对材料的表面换热性能有一定的影响。风速加大，会增大窗户表面的换热量，增加冷、热耗。因此，在风速大的地区，特别是高层建筑，窗户的传热系数应予修正。

6. 提高玻璃保温隔热功能

门窗镶嵌的玻璃占整窗面积的 60% ~ 70%，提高玻璃的保温功能是门窗节能的关键。其主要包括两个方面：一是减少门窗用玻璃的热传递，玻璃本身的传热系数小 [0.76 W/（m^2·K）]，但是其厚度仅有 3～5 mm，相对来说传热系数就比较高，因此，为了提高玻璃的保温节能性能，就需要控制降低玻璃及其制品的传热系数；二是玻璃的基本特点是透光，包括阳光，透过玻璃的能量会直接影响建筑物的能耗，因此，合理地控制透过玻璃的太阳能就能产生较好的节能效果。

目前，具有较好节能保温效果的玻璃及玻璃制品的品种较多，常见的有中空玻璃。首先要考虑控制玻璃的传热系数，这是决定玻璃是否保温隔热的关键因素。中空玻璃的传热系数较低，低辐射玻璃的传热系数也比较低，低辐射中空玻璃的传热系数更低，甚至低于 1.5 W/（m^2·K）。

7. 窗口遮阳设计

窗口遮阳设计应根据环境气候、窗口朝向和房间用途来决定采用的遮阳形式。遮阳的基本形式有水平式、垂直式、综合式、挡板式。水平式遮阳适用于南向及接近南向窗口，在北回归线以南地区，既可用于南向窗口，也可用于北向窗口；垂直式遮阳主要用于北向、东北向和西北向附近窗口；综合式遮阳适用于南向、东南向、西南向和接近此朝向的窗口；挡板式遮阳主要适用于东向、西向附近窗口。

第五节　建筑物屋面节能设计

屋顶作为一种建筑物外围护结构所造成的室内外温差传热耗热量，大于任一面外墙或地面的耗热量。因此，提高建筑屋面的保温隔热能力，能有效地抵御室外热空气传递，减少空调能耗，也是改善室内热环境的一个有效途径。

一、屋面保温材料

用于屋面的保温隔热的材料很多，保温材料一般为轻质、疏松、多孔或纤维的材料，按其形状可分为二种类型：松散保温材料、整体现浇保温材料与板状保温材料。

（一）松散保温材料

常用的松散材料有膨胀蛭石（粒径 3 ～ 15 mm）、膨胀珍珠岩、矿棉、岩棉、玻璃棉、炉渣（粒径 3 ～ 15 mm）等。

（二）整体现浇保温材料

采用泡沫混凝土、聚氨酯现场发泡喷涂材料，整体浇筑在需保温的部位。

整体保温（隔热）材料产品应有出厂合格证、样品的试验报告及材料性能的检测报告。根据设计要求选用厚度，壳体应连续、平整；密度、导热系数、强度应符合下列设计要求：

（1）现喷硬质聚氨酯泡沫塑料：表观密度 35 ～ 40 kg/m³；导热系数 ≤ 0.03 W/（m·K）；压缩强度大于 150 kPa；封孔率大于 92%。

（2）板状制品：表观密度 400 ～ 500 kg/m³；导热系数 0.07 ～ 0.08 W/（m·K）；抗压强度应 ≥ 0.1 MPa。

（三）板状保温材料

如挤压聚苯乙烯泡沫塑料板（XPS 板）、模压聚苯乙烯泡沫塑料板（EPS 板）、加气混凝土板、泡沫混凝土板、膨胀珍珠岩板、膨胀蛭石板、矿棉板、岩棉板、木丝板、刨花板、甘蔗板等。

有机纤维材的保温性能一般较无机板材为好，但耐久性较差，只有在通风条件良好、不易腐烂的情况下使用才较为适宜。

目前应用最广泛，经济适用，效果最好的是 XPS 板。

二、建筑物屋面保温设计

屋面保温设计绝大多数为外保温构造，这种构造受周边热桥影响较小。为了提高屋面的保温能力，屋顶的保温节能设计要采用导热系数小、轻质高效、吸水率低（或不吸水）、有一定抗压强度、可长期发挥作用且性能稳定可靠的保温材料作为保温隔热层。屋面保温层的构造应符合下列规定：

（1）保温层设置在防水层上部时，保温层的上面应做保护层。

（2）保温层设置在防水层下部时，保温层的上面应做找平层。

（3）屋面坡度较大时，保温层应采取防滑措施。

（4）吸湿性保温材料不宜用于封闭式保温层。

（一）胶粉 EPS 颗粒屋面保温系统

该系统采用胶粉 EPS 颗粒保温浆料对平屋顶或坡屋顶进行保温，用抗裂砂浆复合耐碱网格布进行抗裂处理，防水层采用防水涂料或防水卷材。保护层可采用防紫外线涂料或块材等。

防紫外线涂料由丙烯酸树脂和太阳光反射率高的复合颜料配制而成，具有一定的降温功能用于屋顶保护层。

胶粉 EPS 颗粒保温浆料作为屋面保温材料，不但要求保温性能好，还应满足抗压强度的要求。

（二）倒置式保温屋面

倒置式保温屋面就是将传统屋面构造中保温隔热层与防水层"颠倒"，即将保温隔热层设在防水层上面，故有"倒置"之称，又称"侧铺式"或"倒置式"屋面。

倒置式保温屋面于 20 世纪 60 年代开始在德国和美国被采用，其特点是保温层做在防水层之上，对防水层起到一个屏蔽和防护的作用，使之不受阳光和气候变化的影响而温度变形较小，也不易受到来自外界的机械损伤。因此，现在有不少人认为这种屋面是一种值得推广的保温屋面。

倒置式保温屋面的构造要求保温隔热层应采用吸水率低的材料，如聚苯乙烯泡沫板、沥青膨胀珍珠岩等，而且在保温隔热层上应用混凝土、水泥砂浆或干铺卵石做保护层，以免保温隔热材料受到破坏。保护层用混凝土板或地砖等材料时，可用水泥砂浆铺砌，用卵石作保护层时，在卵石与保温隔热材料层间应铺一层耐穿刺且耐久性防腐性能好的纤维织物。

三、建筑物屋面隔热设计

（一）通风隔热屋面

通风隔热屋面在我国夏热冬冷地区和夏热冬暖地区广泛采用，尤其是在气候炎热多雨的夏季，这种屋面构造形式更显示出它的优越性。由于屋盖由实体结构变为带有封闭或通风的空气间层的结构，大大地提高了屋盖的隔热能力。

通风隔热屋顶的原理是在屋顶设置通风间层，一方面利用通风间层的上表面遮挡阳光，阻断了直接照射到屋顶的太阳辐射热，起到遮阳板的作用；另一方面利用风压和热压作用将上层传下的热量带走，使通过屋面板传入室内的热量大为减少，从而达到隔热降温的目的。

在通风屋面的设计施工中应考虑以下几个问题。

（1）通风屋面的架空层设计应根据基层的承载能力，构造形式要简单，且架空板便于生产和施工。

（2）通风屋面和风道长度不宜大于 15 m，空气间层以 200 mm 左右为宜。

（3）通风屋面基层上面应有保证节能标准的保温隔热基层，一般按冬季节能传热系数进行校核。

（4）架空平台的位置在保证使用功能的前提下应考虑平台下部形成良好的通风状态，可以将平台的位置选择在屋面的角部或端部。当建筑的纵向正迎夏季主导风向时，平台也可位于屋面的中部，但必须占满屋面的宽度；当架空平台的长度大于 10 m 时，宜设置通风桥改善平台下部的通风状况。

（5）架空隔热板与山墙间应留出 250 mm 的距离。

（6）防水层可以采用 1 道或多道（复合）防水设防，但最上面一道宜为刚性防水层，要特别注意刚性防水层的防蚀处理，防水层上的裂缝可用"一布四涂"盖缝，分格缝的嵌缝材料应选用耐腐蚀性能良好的油膏，此外，还应根据平台荷载的大小，对刚性防水层的强度进行验算。

（7）架空隔热层施工过程中，要做好已完工防水层的保护工作。

（二）蓄水隔热屋面

蓄水隔热屋面就是在屋面上蓄一层水来提高屋顶的隔热能力，其原理为：在太阳辐射和室外气温的综合作用下，水能吸收大量的热而由液体蒸发为气体，从而将热量散发到空气中，减少了屋盖吸收的热能，起到隔热的作用。水面还能反射阳光，减少阳光辐射对屋面的热作用。水层在冬季还有一定的保温作用。

蓄水隔热屋面的设计应注意以下问题。

（1）当水层深度 $d = 200$ mm 时，结构基层荷载等级采用 3 级（允许荷载 $P = 300 \text{ kg/m}^2$）；当水层 $d = 150$ mm 时，结构基层荷载等级采用 2 级（允许荷载 $P = 250 \text{ kg/m}^2$）。

（2）防水层的做法采用 40 mm 厚、C20 细石混凝土加水泥用量 0.05% 的三乙醇胺，或水泥用量 1% 的氯化铁，1% 的亚硝酸钠（浓度 98%），内设 $\phi 4$、200 mm × 200 mm 的钢筋网，防渗漏性最好。

（3）蓄水区间用混凝土做成分仓壁，壁上留过水孔，使各蓄水区的水层连通，但在变形缝的两侧应设计成互不连通的蓄水区。当蓄水屋面的长度超过40 m时，应做横向伸缩缝一道。分仓壁也可用M10水泥砂浆砌筑砖墙，顶部设置直径6 mm或8 mm的钢筋砖带。

（4）蓄水屋面四周可做女儿墙并兼作蓄水池的仓壁。在女儿墙上应将屋面防水层延伸到墙面形成泛水，泛水对渗漏水影响很大，应将防水层混凝土沿檐墙内壁上升，高度应超过水面100 mm。由于混凝土转角处不易密实，宜在该处填设如油膏之类的嵌缝材料。

（5）为避免暴雨时蓄水深度过大，应在蓄水池外壁上均匀布置若干溢水孔，通常每开间约设一个，以使多余的雨水溢出屋面。为便于检修时排除蓄水，应在池壁根部设泄水孔，每开间约设一个。泄水孔和溢水孔均应与排水檐沟或水落管连通。

（三）种植隔热屋面

在屋顶上种植植物，利用植物的光合作用，将热能转化为生物能，利用植物叶面的蒸腾作用增加蒸发散热量，均可大大降低屋顶的室外综合温度；同时，利用植物栽培基质材料的热阻与热惰性，降低屋顶内表面的平均温度与温度波动振幅，综合起来达到隔热目的，这就是所谓的种植隔热屋面。在我国夏热冬冷地区和华南等地过去就有"蓄土种植"屋面的应用实例，目前在建筑中此种屋顶的应用更加广泛，利用屋顶植草栽花，甚至种灌木、堆假山、设喷水形成了"草场屋顶"或屋顶花园，是一种生态型的节能屋面。

在进行种植屋面设计时应注意以下几个主要问题。

（1）种植屋面一般由结构层、找平层、防水层、蓄水层、滤水层、种植层等构造层组成。

（2）种植屋面应采用整体浇筑或预制装配的钢筋混凝土屋面板作结构层，其质量应符合国家现行各相关规范的要求。在考虑结构层设计时，要以屋顶允许承载重量为依据。必须做到：屋顶允许承载量＞（一定厚度种植屋面最大湿度重量）＋（一定厚度排水物质重量）＋（植物重量）＋（其他物质重量）。

（3）防水层应采用设置涂膜防水层和配筋细石混凝土刚性防水层两道防线的复合防水设防的做法，以确保其防水质量，做到不渗不漏。

（4）在结构层上做找平层，找平层宜采用1∶3水泥砂浆，其厚度根据屋面基层种类规定为15～30 mm，找平层应坚实平整。找平层宜留设分格缝，缝宽为20 mm，并嵌填密封材料，分格缝最大间距为6 m。

（5）种植屋面的植土不能太厚，植物扎根远不如地面。因此，栽培植物宜选择长日照的浅根植物，如各种花卉、草等，一般不宜种植根深的植物。

（6）种植屋面坡度不宜大于3%，以免种植介质流失。

（7）四周挡墙下的泄水孔不得堵塞，应能保证排除积水，满足房屋建筑的使用功能。

第六节　建筑物地面节能设计

地面是楼板层和地坪的面层，是人们日常生活、工作和生产时直接接触的部分，属装修范畴，也是建筑中直接承受荷载，经常受到摩擦、清扫和冲洗的部分。地面按其是否直接接触土壤分为地面（直接接触土壤）和地板（不直接接触土壤）两类。

一、地面热工性能

（一）地面节能的重要性

在建筑围护结构中，通过地面向外传导的热（冷）量约占围护结构传热量的3% ~ 5%。

地面节能主要包括三部分：一是直接接触土壤的地面；二是与室外空气接触的架空楼板底面；三是地下室（±0以下）、半地下室与土壤接触的外墙。

概括来说，楼、地面保温隔热分为三类：

（1）不采暖地下室顶板作为首层的保温隔热。

（2）楼板下方为室外气温情况的楼、地面的保温隔热。

（3）上下楼层之间的楼面的保温隔热。上下楼层之间的楼面的保温隔热是随着分户计量收费制度的产生而产生的。

目前楼、地面的保温隔热技术一般分两种：

（1）普通的楼面在楼板的下方粘贴膨胀聚苯板、挤塑聚苯板或其他高效保温材料后吊顶。

（2）采用地板辐射采暖的楼、地面，在楼、地面基层完成后，在该基层上先铺保温材料，而后将交联聚乙烯、聚丁烯、改性聚丙烯或铝塑复合等材料制成的管道，按一定的间距，双向循环的盘曲方式固定在保温材料上，然后回填细石混凝土，经平整振实后，就在其上铺地板。

（二）地面传热系数计算

（1）地面传热系数应由二维非稳态传热计算程序计算确定。

（2）地面传热系数应分成周边地面和非周边地面两种传热系数，周边地面应为外墙内表面 2 m 以内的地面，周边以外的地面应为非周边地面。

二、地面保温设计

当地面的温度高于地下土壤温度时，热流便由室内传入土壤中。居住建筑室内地面下部土壤温度的变化并不太大，变化范围：一般从冬季到春季仅有 10 ℃左右，从夏末至秋天也只有 20 ℃左右，且变化得十分缓慢。但是，在房屋与室外空气相邻的四周边缘部分的地下土壤温度的变化还是相当大的。冬天，它受室外空气以及房屋周围低温土壤的影响，将有较多的热量由该部分被传递出去，如不采取保温措施，则外墙内侧墙面以及室内墙角部位易出现结露，在室内墙角附近地面有冻脚观察，并使地面传热损失加大。

满足这一节能标准的具体措施是在室内地坪以下垂直墙面外侧加 50 ～ 70 mm厚聚苯板以及从外墙内侧算起 2.0 m 范围内的地面下部加铺 70 mm 厚聚苯板，最好是挤塑聚苯板等具有一定抗压强度、吸湿性较小的保温层。

采暖（空调）居住（公共）建筑接触室外空气的地板（如过街楼地板）、不采暖地下室上部的地板及存在空间传热的层间楼板等，应采取保温措施，使地板的传热系数满足相关节能标准的限值要求。保温层设计厚度应满足相关节能标准对该地区地板的节能要求。

低温辐射地板构造中将改性聚丙烯（PP-C）等耐热耐压管按照合理的间距盘绕，铺设在 30 ～ 40 mm 厚聚苯板上面，聚苯板铺设在混凝土地层中，可分户循环供热，便于调节和计量，充分体现管理上的便利和建筑节能的要求。低温地板辐射采暖，有利于提高室内舒适度以及改善楼板保温性能。

三、地面防潮设计

夏热冬冷和夏热冬暖地区的建筑物底层地面，除保温性能满足节能要求外，还应采取一些防潮技术措施，以减轻或消除梅雨季节由于湿热空气产生的地面结露现象。尤其是当采用空铺实木地板或胶结强化木地板面层时，更应特别注意下面垫层的防潮设计。

（一）地面防潮应采取的措施

（1）防止和控制地表面温度不要过低，室内空气湿度不能过大，避免湿空气与地面发生接触。

（2）室内地表面的表面材料宜采用蓄热系数小的材料，减少地表温度与空气温度的差值。

（3）地表采用带有微孔的面层材料来处理。

（二）底层地坪的防潮构造设计

底层地坪的防潮构造设计，可参照用空气层防潮技术，但是必须注意空气层的密闭。另外防潮地坪构造做法，也必须具备以下三个条件。

（1）有较大的热阻，以减少向基层的传热。

（2）表面层材料导热系数要小，使地表面温度易于紧随空气温度变化。

（3）表面材料有较强的吸湿性，具有对表面水分的"吞吐"作用。

第八章
采暖、通风与空调节能设计

第一节　采暖、通风与空调节能设计要求

一、一般规定

（1）集中采暖和集中空气调节系统的施工图设计必须对每一个房间进行热负荷和逐项逐时的冷负荷计算。

（2）位于严寒地区和寒冷地区的居住建筑，应设置采暖设施；位于寒冷区的居住建筑，夏天还需要采用空调降温，最常见的就是设置分体式空调器，因此，设计时宜设置或预留设置空气调节设施的位置和条件。在我国的西北地区，夏季干热，适合应用蒸发冷却降温的方式。

（3）随着国民经济的发展，人民生活水平的不断提高，对空调和采暖的需求逐年上升，对于居住建筑设计选择集中空调、采暖系统方式，还是采用分户空调、采暖方式，应根据节能的要求，考虑当地的资源情况、环境保护、能源效率及用户对采暖运行费用可承受能力等综合因素，经技术经济分析比较后确定。

（4）居住建筑集中供热热源形式的选择，应符合下列规定。

以热电厂和区域锅炉房为主要热源，在城市集中供热范围内时，应优先采用城市热网提供的热源；

在技术经济合理的情况下，宜采用冷、热、电联供系统；

集中锅炉房的供热规模应根据燃料确定，当采用燃气时，供热规模不宜过大，采用燃煤时供热规模不宜过小；

在工厂区附近时应优先利用工业余热和废热，有条件时应积极利用可再生能源。

（5）居住建筑的集中采暖系统，应按热水连续采暖进行设计。居住区内的商业、文化及其他公共建筑的采暖形式，可根据其使用性质、供热要求，经技术经济比较后确定。公共建筑的采暖系统应与居住建筑分开，并应具备分别计量的条件。

（6）除当地电力充足和供电政策支持，或者建筑所在地无法利用其他形式的能源外，严寒和寒冷地区全年有 4～6 个月采暖期，时间较长，采暖能耗占有较高比例。近些年来，由于采暖用电所占比例逐年上升，致使一些省市冬季尖峰负荷也迅速增长，出现冬季电力紧缺。盲目推广没有蓄热配置的电锅炉，直接用电热采暖，将进一步恶化电力负荷特性，影响居民的正常用电，因此，应严格限制应用直接电热进行集中采暖的方式。

二、采暖系统节能设计要求

（1）水为热媒的供暖系统，其室温比较稳定，卫生条件好；可集中调节水温，便于根据室外温度变化情况调节散热量；系统使用的寿命长，一般可使用 25 年，室内的采暖系统应以热水为热媒较好。

（2）室内采暖系统的制式，宜采用双管系统。

（3）集中采暖（集中空调）系统，必须设置住户分室（户）温度条件、控制装置及分户热计量（分户热分摊）装置或设施。由于严寒地区和寒冷地区的"供热体制改革"已经开展，近年来已开发应用了一些户间采暖"热量分摊"的方法，并且有较大规模的应用。采暖系统"热量分摊"方法的原理和应用时需要注意事项如下：

第一，散热器热分配计方法。该方法是利用散热器热分配计所测量的每组散热器的散热量比例关系，来对建筑的总供热量进行分摊，散热器热量分配计分为蒸发式热量分配计和电子式热量分配计两种类型。蒸发式热量分配计初期投资较低，但需要入户读表；电子式热量分配计初期投资较高，但具有可以遥控读表的特点。散热器热分配计方法适用于以散热器为散热设备的室内采暖系统，尤其适用于采用垂直采暖系统的既有建筑的热计量收费改造，但不适用于地面辐射供暖系统。

第二，温度面积方法。该方法是利用所测量的每户室内温度，结合建筑面积来对建筑的总供热量进行分摊。其具体做法是，在每户主要房间安装一个温度传感器，用来对室内温度进行测量，通过采集器采集的室内温度经通信线路送到热量采集显示器；热量采集显示器接收来自采集器的信号，并将采集器送来的用户室温送至热量采集显示器；热量采集显示器接受采集显示器、楼前热量表送米的信号后，按照规定的程序将热量进行分摊。这种方法适用于新建建筑各种采暖系统的热计量收费，也适用于既有建筑的热计量收费改造。

第三，流量温度方法。这种方法适用于共用立管的独立分户系统和单管跨越管采暖系统。该户间热量分摊系统由流量热能分配器、温度采集器处理器、单元热能仪表、三通测温调节阀、无线接收器、三通阀、计算机远程监控设备以及建筑物热力入口设置的楼栋热量表等组成。通过流量热能分配器、温度采集器处理器测量出的各个热用户的流量比例系数和温度系数，测算出各个热用户的用热比例，按此比例对楼栋热量表测量出的建筑物总供热量进行户间热量分摊。但这种方法不适合在垂直单管顺流式的既有建筑改造中应用。

第四，通断时间面积方法。该方法是以每户的采暖系统通水时间为依据，分摊总供热量的方法。具体做法是，对于分户水平连接的室内采暖系统，在各户的分支支路上安装室温通断控制阀。用于对该用户的循环水进行通断控制来实现该户室温控制。同时在各户的代表房间里放置室内控制器，用于测量室内温度和供用户设定温度，并将这两个温度值传输给室温通断控制阀。室温通断控制阀根据实测室温与设定值之差，确定在一个控制周期内通断阀开停比，并按照这一开停比控制通断调节阀的通断，以此调节送入室内热量。同时，记录和统计各户通断控制阀的接通时间，按照各户的累计接通时间结合采暖面积分摊整栋建筑的热量。通断时间面积方法适用于水平单管串联的分户独立室内采暖系统，但不适合于采用传统垂直采暖系统的既有建筑的改造，可以分户实现温控，但是不能分室温控。

第五，户用热量表方法。该分摊系统由各用户热量表以及楼栋热量表组成。户用热量表安装在每户采暖环路中，可以测量每个住户的采暖耗热量。根据流量传感器的形式可将热量表分为机械式热量表、电磁式热量表、超声波式热量表。其中电磁式热量表流量测量精度是热量表中最高的，压力损失也较小，是应用较多的一种热量表，但必须水平安装，拆卸和维护较为不便。户用热量表方法需要对住户位置进行修正，适用于分户独立室内采暖系统及分户地面辐射供暖系统，但不适合于采用传统垂直采暖系统的既有建筑的改造。

三、通风和空气调节系统

（一）居住建筑的通风设计

主要包括主动式通风和被动式通风。主动式通风指的是利用机械设备动力组织室内通风的方法，一般要与空调、机械通风系统进行配合。被动式通风指的是采用"天然"的风压、热压作为驱动对房间进行调节。在我国多数地区，住宅进行自然通风是降低能耗和改善室内热舒适的有效手段，在过渡季室外气温低于 26 ℃高于 18 ℃时，由于住宅室内发热量小，这段时间完全可以通过自然通风来消除热负荷，改善室内热舒适状况。即使是室外气温高于 26 ℃，但只要低于31 ℃，人在自然通风条件下仍然会感到舒适。

（二）夏热冬暖地区空调采暖和通风节能设计

夏热冬暖地区有较为优越的自然条件，气温、气流等方面较我国其他多数地区好，如何发挥这些优势是建筑设计节能工作的关键。随着社会经济的发展和人们生活水平的提高，夏季空调已被夏热冬暖地区居民广泛采用，随之带来的建筑能耗增加给日趋严峻的资源问题雪上加霜。因此，从技术、经济、社会认知三个角度去探寻影响建筑设计节能的影响因素，具有十分重大的意义。在进行夏热冬暖地区空调采暖和通风节能设计时，应注意如下事项：

（1）居住建筑空调与采暖方式及设备的选择应根据当地资源情况充分考虑节能、环保因素，并经技术经济分析后确定。

（2）采用集中式空调（采暖）方式的居住建筑应设置分室（户）温度控制及分户冷（热）量计量设施。

（3）采用集中供冷（热）方式的居住建筑，供冷（热）设备宜选用电驱动空调机组（或热泵型机组），或燃气吸收式冷热水机组，或有利于节能的其他形式的冷（热）源。所选用机组的能效比（性能系数）应符合现行有关产品标准的规定值，并优先选用能效比较高的产品、设备。

（4）居住建筑采暖不宜采用直接电热设备。以空调为主，采暖负荷小，采暖时间很短的地区，可采用直接电热采暖。

（5）当选择水源热泵作为居住区或户用空调机组的冷热源时，水源热泵系统应用的水资源必须确保不被破坏，并不被污染。

（6）在有条件时，居住区宜采用热电厂冬季集中供热、夏季吸收式集中供冷技术，或小型燃气轮机吸收式集中供冷供热技术，或蓄冰集中供冷等技术。有条件时，在居住建筑中宜采用太阳能、地热能、海洋能等可再生能源空调、采暖技术。

（三）夏热冬冷地区空调采暖和通风节能设计

夏热冬冷地区主要指长江中下游及周边地区，该地区人口密集、经济发达，但气候条件却相当恶劣。随着经济的发展，居民生活水平的提高，人民对生活质量的要求越来越高，人们追求舒适的室内居住环境，空调进入家庭越来越多，因此提高空调采暖和通风节能设计水平，做好该地区的建筑节能工作，对全国的节能降耗具有十分重要的意义。在设计中应严格执行以下规定：

（1）居住建筑采暖、空调方式及其设备的选择应根据当地资源情况，经技术经济分析及用户对设备运行费用的承担能力综合考虑确定。

（2）一般情况下，居住建筑采暖不宜采用直接电热式采暖设备。

（3）居住建筑进行夏季空调、冬季采暖时，宜采用电驱动的热泵型空调器（机组），或燃气（油）、蒸汽或热水驱动的吸收式冷（热）水机组，或采用低温地板辐射采暖方式，或采用燃气的采暖炉采暖等。

（4）居住建筑采用燃气为能源的家用采暖设备或系统时，燃气采暖器的热效率应符合国家现行有关标准中的规定值。

（5）居住建筑采用分散式（户式）空气调节器进行空调（及采暖）时，其能效比、性能系数应符合国家现行有关标准中的规定值。居住建筑采用集中采暖空调时，作为集中供冷（热）源的机组，其性能系数应符合现行有关标准中的规定值。

（6）具备地面水资源（如江河、湖水等），有适合水源热泵运行温度的废水等水源条件时，居住建筑采暖空调设备宜采用水源热泵。当采用地下井水为水源时，应确保有回灌措施，确保水源不被污染，并应符合当地有关规定；具备可供地热源热泵机组埋管用的土壤面积时，宜采用埋管式地热源热泵。

第二节　采暖节能设计

　　建筑能耗占我国全社会总能耗的 1/3 左右，其中空调与采暖能耗占建筑总能耗的 60% 左右。随着工业化和城镇化的快速发展，这一比例仍在不断上升。从实践应用的角度，结合采暖空调最新技术与有关标准，设计舒适、健康、节能、安全的采暖系统和空气调节系统，并从系统的优良运行与管理实践着手，达成采暖空调的节能降耗，这是采暖节能设计人员的重点和难点。

一、采暖节能的基本方法

　　建筑节能是节约资源、保护环境、提高人民生活水平、实现我国可持续发展战略的重大举措。建筑用能包括建筑采暖、空调、照明等方面的用能，其中建筑采暖用能是最大的能耗方面，也是建筑节能的一个主要方面。

　　（一）促进辐射热进入室内

　　（1）满足阳光透过的条件。建筑用地的形状，与其他建筑物的位置关系，树木、围墙等，都可能成为妨碍辐射热到达的物体，故而要研究这些物体的存在、位置（方位、高度、距离）、形状、透射率等。为不遮挡阳光对其他建筑物和建筑物周围土地的照射，建筑用地最好是向南的斜坡地，或相邻建筑之间留有充足的间距。在建筑物的周围植树时，要根据不同的位置，选用不同的树种。建筑物的南侧适宜种植落叶树，并且最好没有障碍物。但有时为了遮挡外面的窥视视线，又必须设置遮挡物，利用视线水平级差或通过遮挡物的形式挡住视线，但不能妨碍太阳辐射线进入室内。

　　（2）形成反射的条件。太阳的辐射能虽然很多，但由于它遍布全球，所以实际辐射密度并不太高。为了收集到更多的太阳能，要有很大的受热面积，而且只有正好对着太阳的一面才能受热，因此还必须考虑到利用阳光反射提高辐射能的密度，使背阴的一侧也能得到太阳辐射，即利用物体表面受到太阳辐射时的反射和再辐射。对此，可以研究反射面的面积、反射率、反射方向等。例如，在建筑物的北侧设反射面（墙壁、陡壁坡、百叶式反射板），也能使北侧的房间得到太阳辐射热；或者扩大朝南的开口部位尺寸，增加辐射热的受热面积；或者把受热面上反射出来的辐射线，再返回到受热面上去。

（二）抑制辐射热损失

（1）从表面的辐射。试验结果表明，表面积、外表面材料的辐射系列（颜色、材质等）、温度差等越小越好。寒冷地区的建筑，为了减少其表面积，平面方向和立面方向尽量不要设计成凹凸形状。在非常寒冷的地方，为了避免过多散热，有的建筑物根本就不设阳台或女儿墙等突出的部分，为减少建筑物的表面积，有时把建筑物的拐角做成圆弧状，有时把整个建筑物设计为穹顶状或拱顶状。

（2）从开口部位的辐射。如果考虑到与促进辐射线进入室内的场合完全相反的情况，以不设开口为好。在需要采光和眺望时，最好把开口的尺寸控制在必要的最低限度之内。在特殊情况下，如在非常寒冷的条件下，可以这样设计，但在一般情况下，还是需要有开口部位的。因此，一般来说，要求开口应有可变性，即在需要有开口时，就把开口打开，在不需要开口的情况下，为防止辐射线通过开口部位，就可以把开口关闭。

（三）蓄热效果的利用

太阳辐射和气温等外界条件经常发生变动，白天的太阳辐射，根据太阳的高度不同而发生变化，夜间外界气温降低，形成建筑物向外部空间进行辐射，天气不同，太阳辐射、气温、风等也有变化。如果建筑物能把所吸收的热储存起来，在吸热量少的时候使用，就可以减少室内环境条件的波动。另外，如果室内的建筑部位热容量大，在停止暖通空调的运转之后，也不会很快使室内环境条件恶化。这时，最好采用外保温的方法。

通过适当地增大屋顶和墙体等围护结构的热容量，不仅可以减小室内环境条件随外界条件变化的幅度，而且能够错开向室内散热的时间。如果把时间调配合适，可使室内白天比较凉快，夜间比较温暖，这是不用任何设备和可动部分就能实现的。

（四）抑制对流热损失

对流传热是热传递的一种基本方式。热能在液体或气体中从一处传递到另一处的过程。主要是由于质点位置的移动，使温度趋于均匀。是液体和气体中热传递热能在液体或气体中从一处传递到另一处的过程。主要是由于质点位置的移动，使温度趋于均匀。是液体和气体中热传递的主要方式。关于对流传热方面，应考虑从部位表面向空气中的热传递、空气的进出和冷风吹到人体上三种现象。其中空气的进出，可以认为是主要的对流传热现象。

二、采暖节能设计一般规定

采暖系统设计得合理，采暖系统才能具备节能运行的功能。无论是住宅还是公建，合理设计节能采暖系统的主要原则：一是采暖系统应能保证对各个房间的室内温度进行独立调控；二是便于实现分户或分区热量分摊的功能；三是管路系统简单、管材消耗量少、节省初投资。因此，对所有民用建筑室内热水集中采暖系统的设计都要满足上述三个原则的要求。

（1）采暖方式的选择应根据建筑物规模，所在地区气象条件、能源状况、能源政策、环保等要求，通过技术经济比较等确定。

（2）累年日平均温度稳定低于或等于 5 ℃的日数大于或等于 90 天的地区，宜采用集中采暖。

（3）根据《民用建筑供暖通风与空气调节设计规范》（GB 50736—2012），符合下列条件之一的地区，其幼儿园、养老院、中小学校、医疗机构等建筑宜采用采暖。

①累年日平均温度稳定低于或等于 50 ℃的日数为 60 ～ 89 天；

②累年日平均温度稳定低于或等 50 ℃的日数不足 60 天，但累年日平均温度稳定低于或等于 80 ℃的日数大于或等于 75 天。

（4）采暖室外的气象参数应按规定采用当地的气象资料进行计算确定。

第三节　通风节能设计

随着科学技术的日新月异，能源短缺已不容忽视，节约能源已受到世界性的普遍关注，在我国亦不例外，因此，必须从可持续发展的战略出发，使建筑尽可能少地消耗不可再生资源，降低对外界环境的污染，并为使用者提供健康、舒适、与自然和谐的工作及生活空间。通风系统是建筑中的重要组成部分，做好建筑通风系统的节能设计，是设计人员需要积极思考的问题。

一、通风节能设计的优点

随着科学技术的进步，我国的建筑施工技术也实现了发展与变革，新技术的引进促进了建筑项目设计的优化。此外，传统的建筑设计理念也开始朝着"节能、降耗、环保"的方向发展，这些都促进了通风节能设计水平的提升。通风节能设计理念运用于建筑物可发挥的作用包括以下几个方面。

（1）增强性能。在室内制冷方面，采用通风节能设计后，可达到被动式制冷效果，若建筑外部环境中的空气湿度低，通风系统可以降低室内温度，将潮湿气体带到室外，从而使室内温度、湿度处于人体最舒适的状态。在无须消耗电能的情况下，运用自然通风输送经过处理的新风。

（2）改善空气质量。当前，大多数建筑内的空气调节主要依赖于空调设备。空调系统的运用只能调整室内温度的高低，而无法及时更新室内新风，时间一长室内空气难免变得污浊。从安全和卫生的角度考虑，人长期在这样的空气环境中活动，健康状况会受到很大的影响。利用自然通风能定期排出室内污染空气，改善室内空气的新鲜度。

（3）保护环境。绿色环保是建筑行业正在积极倡导的一个主题，建筑通风节能设计恰好满足了这一要求。例如自然通风系统的改进，可以防止空调系统造成的空气污染，将室内含有各种杂质的气体及时排出室外。在保持室内良好的空气环境的同时，也改善了室内居住环境。

（4）减少能耗。从建筑节能设计的考核数据看，建筑物在使用经过节能优化的空调通风系统后，电能消耗要比传统的设计方案节约30%。这就使得工程项目在减少能源消耗的同时，也减少了资金投入，优化了建筑内部的各项系统功能。

二、通风节能设计的内容

随着建筑设计理念的更新，在建筑节能设计阶段对于自然通风技术的运用更为普遍。不仅减少了建筑的能源消耗，也保持了室内良好的居住环境，满足了现代建筑节能设计的各项指标要求。建筑节能常见的自然通风设计方案如下：

（一）空间设计

在建筑内部结构设计中构建竖井空间，可促进气流的快速流通，以此提高建筑内部的通风效果。目前，建筑节能设计中运用的竖井空间包括：纯开放空间，充分运用建筑中庭内的热压实现通风；烟囱空间，利用太阳能加热空气所产生的烟囱效应，促进建筑内部空气的流动，实现通风调节。

（二）布局设计

从自然通风的节能效果来看，建筑群的布局设计是影响通风效果的重要因素。设计师在确定各个建筑之间的距离时，应结合风向投射角对室内风速影响大小的情况设计，可以通过计算机通风模拟，对设计方案进行优化。在整体设计上，还需把握好建筑物的高度、进深、面宽、外观等方面的因素。

（三）开口设计

开口设计对建筑物内部的空气流通有很大的影响，建筑节能设计中需将开口配置、开口尺寸、窗户形式、开启方式、窗墙面积比等作为设计的主要内容。从设计经验来看，开口宽度达到开间宽度的1/3时，通风节能效果最好，有助于室内空气的流通。

（四）屋顶设计

屋顶的节能设计要借助于"隔热屋面"作用的发挥，其常见的形式是架空隔热层，将屋面结构层设计成合适的通风装置，把室内的热量排出后实现降温。此外，还可结合坡屋顶结构设计通风隔热层，以达到良好的通风隔热效果。

（五）幕墙设计

新型节能幕墙设计通过在两层玻璃幕墙间设置一个空腔，在空腔内设置遮阳设施，空腔的两端设置进风口、出风口，通过热压差或者强制机械通风，实现通风节能，可以有效地避免建筑物内部风压、热压过高等问题，促进围护结构保温隔热性能的改善，创造良好的室内环境。

（六）室内设计

利用"穿堂风"的形式来提高室内的通风效果，其主要是让自然风由建筑物外部到达室内，经过主要功能空间后由背风面的出风口外流。这种设计实质上是利用进出风口之间的风压差，促进了自然风流通性能的提升，使用户保持良好的通风效果。

三、通风设计一般规定

在进行通风设计时应遵循如下一般规定：

（1）为了防止大量热、蒸汽或有害物质向人员活动区散发，防止有害物质对环境的污染，必须从总体规划、工艺、建筑和通风等方面采取有效的综合预防和治理措施。

（2）放散热、蒸汽或有害物质的生产过程和设备，宜采用机械化、自动化，并应采用密闭、隔离和负压操作措施。对生产过程中不可避免放散的有害物质，在进行排放前，必须采取通风净化措施，并达到国家有关大气环境质量标准和各种污染物排放标准的要求。

（3）放散粉尘的生产过程，宜采用湿式作业。输送粉尘物料时，应采用不扬尘的运输工具。放散粉尘的工业建筑，宜采用湿法冲洗措施，当工艺不允许湿法冲洗且防尘要求严格时，宜采用真空吸尘装置。

（4）大量散热的热源（如散热设备、热物料等），宜放在生产厂房外面或坡屋内。对生产厂房内的热源，应采取隔热措施。工艺设计，宜采用远距离控制或自动控制。

（5）确定建筑物方位和形式时，宜减少东西向的日晒。以自然通风为主的建筑物，其方位还应根据主要进风面和建筑物形式，按夏季最多风向布置。

（6）建筑物内，放散热、蒸汽或有害物质的生产过程和设备，宜采用局部排风。当局部排风达不到卫生要求时，应辅以全面排风或采用全面排风。

（7）设计局部排风或全面排风时，宜采用自然通风。当自然通风不能满足卫生、环保或生产工艺要求时，应采用机械通风或自然与机械的联合通风。

（8）凡属设有机械通风系统的房间，工业建筑应保证每人不小于 30 m^3/h 的新风量；人员所在房间不设机械通风系统时，应有可开启外窗。

（9）组织室内送风、排风气流时，不应使含有大量热、蒸汽或有害物质的空气流入没有或仅有少量热、蒸汽或有害物质的人员活动区，且不应破坏局部排风系统的正常工作。

四、自然通风设计

在建筑设计中实现自然通风是建设生态节能建筑和低碳建筑的一项重要措施，特别是科学技术的发展为提高自然通风的效果带来了良好契机。但是不可否认的是，与发达国家相比，我国在建筑设计中的自然通风设计还存在一定的差距，自然通风技术还有待进步。为此，建筑设计师们必须要不断创新、用于探索，提高建筑自然通风效果，减少能源消耗，促进我国建筑设计行业的不断发展。

自然通风是节能建筑中广泛采用的一项技术手段。根据自然通风的实现原理不同可分为：利用风压实现的自然通风、利用热压实现的自然通风、风压与热压相结合的自然通风以及机械辅助通风等几种形式。

（一）自然通风设计

1. 自然通风方式选用

（1）消除建筑物余热、余湿的通风设计，应优先利用自然通风。

（2）厨房、厕所、盥洗室和浴室等，宜采用自然通风。

（3）民用建筑卧室、起居室（厅）以及办公室等，宜采用自然通风。

2. 自然通风方式的设计要求

（1）利用穿堂风进行自然通风的厂房，其迎风面与夏季最多风向宜成60°～90°，且不应小于45°。

（2）夏季自然通风应采用阻力系数小、易于操作和维修的进、排风口或窗扇。

（3）夏季自然通风用的进风口，其下缘距室内地面的高度不应大于1.2 m；冬季自然通风的进风口，当其下缘距室内地面的高度小于4 m时，应采取防止冷风吹向工作地点的措施。

（4）当热源靠近工业建筑的一侧外墙布置，且外墙与热源之间无工作地点时，该侧外墙上的进风口，宜布置在热源的间断处。

（5）挡风板与天窗之间，以及作为避风天窗的多跨工业建筑相邻天窗之间，其端部均应封闭。当天窗较长时，应设置横向挡板，其间距不应大于挡风板上缘至地坪高度的3倍，且不应大于50 m。在挡风板或封闭物上，应设置检查门。挡风板下缘至屋面的距离，宜采用0.1～0.3 m。

（6）不需调节天窗窗扇开启角度的高温工业建筑，宜采用不带窗扇的避风天窗，但应采取防雨措施。

（二）机械通风设计

（1）设置集中采暖且有机械排风的建筑物，当采用自然补风不能满足室内卫生条件、生产工艺要求或在技术经济上不合理时，宜设置机械送风系统。设置机械送风系统时，应进行风量平衡及热平衡计算。每班运行不足2 h的局部排风系统，当室内卫生条件和生产工艺要求许可时，可不设机械送风补偿所排出的风量。

（2）选择机械送风系统的空气加热器时，室外计算参数应采用采暖室外计算温度；当其用于补偿消除余热、余湿用全面排风耗热量时，应采用冬季通风室外计算温度。

（3）要求空气清洁的房间，室内应保持正压。放散粉尘、有害气体或有爆炸危险物质的房间应保持负压。当要求空气清洁程度不同或与有异味的房间比邻且有门相通时，应使气流从较清洁的房间流向污染较严重的房间。

（4）用于甲、乙类生产厂房的送风系统，可共用同一进风口，但应与丙、丁、戊类生产厂房和辅助建筑物及其他通风系统的进风口分设；对有防火防爆要求的通风系统，其进风口应设在不可能有火花溅落的安全地点，排风口应设在室外安全处。

（三）事故通风设计

（1）可能突然放散大量有害气体或有爆炸危险气体的建筑物应设置事故通风装置。

（2）事故通风量宜根据工艺设计要求通过计算加以确定，但换气次数不应小于每小时12次。

（3）事故排风的吸风口应设在有害气体或爆炸危险性物质放散量可能最大或聚集最多的地点。对事故排风的死角处应采取导流措施。

（四）隔热降温设计

（1）工作人员在较长时间内直接受辐射热影响的工作地点，当其辐射照度大于或等于 350 W/m² 时，应采取隔热措施；受辐射影响较大的工作室应隔热。

（2）经常受辐射热影响的工作地点应根据工艺、供水和室内气象等条件，分别采用水幕、隔热水箱或隔热屏等隔热措施。

（3）工作人员经常停留的高温地面或靠近的高温壁板，其表面平均温度不应高于 40 ℃，当采用串水地板或隔热水箱时，其排水温度不宜高于 45 ℃。

（4）较长时间操作的工作地点，当其热环境达不到卫生要求时，应设置局部送风。

（5）当采用不带喷雾的轴流式通风机进行局部送风时，工作地点的风速应符合下列规定：轻作业 2 ～ 3 m/s；中作业 3 ～ 5 m/s；重作业 4 ～ 6 m/s。

第四节　空调节能设计

随着经济和社会的发展，空调在住宅建筑中的应用越来越广泛，空调是现代建筑中不可缺少的能耗运行系统。空调系统在给人们提供舒适的生活和工作环境的同时，又消耗掉了大量的能源。随着设备功率和数量的增加，其能耗也不断增大。

据有关部门统计，我国建筑物能耗约占能源总消耗量的 30%，在设置空调的建筑物中，空调的能耗约占总能耗的 70%，而且呈逐年增长的趋势。因此，研究空调系统节能技术意义十分重大，除了强调使用功能完善外，还应重视节能因素，降低投资、运行费用。

一、空调系统节能途径

空调系统的节能涉及的范围非常广泛，从空调设计、空调安装以及运行管理等各方面都有值得改进的地方。无论如何提高节能性，都应从提高能量利用效率的角度来采取对策解决问题，这才是科学的空调节能途径。

（一）集中式空调节能途径

集中式空调系统是典型的全空气式系统，是建筑工程中最常用、最基本的系统。它主要在舒适性与工艺性的各类空调工程中应用，例如会堂、影剧院和体育馆等大型建筑，学校、医院、商场、宾馆、大型餐厅和计算机室等公共场所，以及民航客机、轮船等对室内空气环境提出特殊要求（如恒温、恒湿、洁净）的空间和各类工业厂房。

集中式空调系统所有空气处理设备（风机、过滤器、加热器、冷却器、加湿器、减湿器和制冷机组等）都集中在空调机房内，空气经过处理后，由风管送到各空调房里。这种空调系统热源和冷源也是集中的，它处理空气量大，运行可靠，便于管理和维修，但机房占地面积大。集中式空调系统通常由空气处理设备、末端设备（通风机）和输送管道（风管）3部分组成，其中空气处理设备和末端设备是节能效果的关键。集中式空调系统具体的节能途径有：

（1）空调设备节能措施组合式。空调机组是集中式空调方式的主要设备，也是系统中的主要耗能设备。组合式空调机组是由各种空气处理功能段组装而成的一种空气处理设备，适用于阻力大于100 Pa的空调系统。机组空气处理功能有空气混合、均流、过滤、冷却、一次和二次加热、去湿、加湿、送风机、回风机、喷水、消声、热回收等。

（2）空调系统和室内送风方式。由于建筑物的形式和功能要求不同，所以对空调系统和末端设备会有很大差别。公共建筑如体育馆、影剧院、博物馆、商场、展览馆、会堂等，其突出的特点是建筑空间较大，人员多而集中，具有舒适性空调要求。但空调的负荷能耗比较大，设计时必须要考虑节能措施。

（二）分散式空调的节能技术

制冷技术在当代社会已经几乎渗透到各个生产技术、科学研究领域，并在改善人类的生活质量方面发挥着巨大作用。制冷技术活动的主体是人，客体是自然和社会，制冷技术有明确的使用目的，它是人类进行生产活动、文化活动及社会活动的中介，而作为中介的技术活动必然导致"正反"双重后果。如何正确节能地利用空调制冷技术，做到利大于弊的使用效果，这是现代制冷技术研究的核心。制冷技术的发展使得目前分散式空调器具有优良的节能特性，但在使用中空调器是否能耗很低，达到理想的节能效果，必须真正利用以下节能技术：

1. 正确选用空调器的容量大小

空调器的容量大小要依据其在实际建筑环境中所承担的负荷大小来选择，如果选择的空调器容量过大，会造成使用中频繁进行启停，室内温场波动大，电能浪费和初投资过大；如果选择的空调器容量过小，会造成达不到使用要求的问题。

2. 正确安装空调器

空调器的耗电量不仅与空调器本身的性能有关，同时也与合理的布置、使用空调器方法有很大关系。下面按照窗式空调与分体式空调两种情况，具体说明空调器如何正确布置，才能充分发挥其效率。

二、空调制冷系统节能

"制冷"就是使自然界的某种物体或某空间低于周围环境温度，并使之维持这个温度。制冷装置是空调系统中冷却干燥空气所必需的设备，是空调系统的重要组成部分。实现空调制冷可通过两种途径：一种是利用天然的冷源；另一种是采用人工冷源。

（一）利用天然冷源

空调制冷的天然冷源很多，如地下水、天然冰、深湖水、山洞水和地道风等。根据我国的实际情况，主要有地下水和地道风。

（1）地下水：由于大部分地下水储存于地下，其水温远远低于空气环境温度，所以地下水是一种最常用的天然冷源。在我国的大部分地区，特别是北方地区，地下水是极好的天然冷源，用地下水处理空气会达到较好的降温效果。但是，并不是所有地区均可利用地下水的。如地下水贫乏地区，如果过量开采会造成地面沉陷；有些地区的地下水的温度过高（如温泉），不能满足空调制冷的要求。

（2）地道风：近年来对于应用地下风道对空调通风系统的新风进行预冷或预热，从而减少空调系统能耗的技术，逐渐受到关注。利用夏季地下空间温度低于地面空气温度这一特点，可以使空气通过地道达到冷却或冷却排湿的效果。

（二）采用人工冷源

人工制冷是依靠制冷机而获得的，空调中使用的制冷机有压缩式、吸收式和蒸汽喷射式 3 种，目前最常用的是压缩式制冷机。

压缩式制冷机是一种依靠压缩机提高制冷剂的压力以实现制冷循环的制冷机。压缩式制冷机由压缩机、冷凝器、制冷换热器、膨胀机或节流机构和一些辅助设备组成，其中压缩机是其核心设备。制冷剂在制冷系统中经历蒸发、压缩、冷凝和节流四个热力过程。按所用制冷剂的种类不同，压缩式制冷机分为气体压缩式制冷机和蒸气压缩式制冷机两类，蒸汽压缩式制冷机又有氨制冷机和氟利昂制冷机等。

从节能角度来说，制冷系统的制冷系数越大越好，也就是说制冷系统的工作循环越接近逆卡诺循环越好。逆卡诺循环又称制冷循环，是制冷技术的基础，它是由两个等温过程和两个绝热过程所组成，即工质现做绝热压缩和等温压缩，再做绝热膨胀和等温膨胀，这四个过程均可逆，所以是一个理想循环。

但是，在实际生产中不可能实现逆卡诺循环，因为在实际的制冷循环中，不仅压缩和膨胀过程不可能是绝热的，也无法实现没有温差的等温传热过程，但理想循环可作为实际制冷循环完善程度的比较标准。因此，在制冷系统设计时，并不能只从节能的目标（最大的制冷系数）考虑，而应把制冷系统的总费用最低作为系统设计的优化目标函数。

第九章
绿色建筑照明节能设计

第一节　建筑光环境基本知识

光环境是物理环境中一个组成部分，它和湿环境、热环境、视觉环境等并列。对建筑物来说，光环境是由光照射与其内外空间所形成的环境。因此光环境形成一个系统，包括室外光环境和室内光环境。前者是在室外空间由光照射而形成的环境，其功能是要满足物理、生理（视觉）、心理、美学、社会（节能、绿色照明）等方面的要求。后者是室内空间由光照射而形成的环境，其功能是要满足物理、生理、心理、人体功效学及美学等方面的要求。

光环境和空间两者之间有着相互依赖、相辅相成的关系。空间中有了光才能发挥视觉功效，才能在空间中辨认人和物体的存在，同时光也以空间为依托显现出它的状态、变化（如控光、滤光、调光、混光、封光等）及表现力。在室内空间中光必须通过材料形成光环境，例如光通过透光、半透光或不透光材料形成相应的光环境。此外，材料表面的颜色、质感、光泽等也会形成相应的光环境。

一、光的性质和度量

建筑光环境的设计和评价离不开定量的分析和说明，需要借助一些物理光度量来描述光源与光环境的特征。在建筑光环境中常用的光度量有光通量、发光强度、照度和亮度等。

（一）光通量

辐射体以电磁辐射的形式向四面八方辐射能量，在单位时间内以电磁辐射的形式向外辐射的能量称为辐射功率或辐射通量（W），相应的辐射通量中能被人眼感觉为光的那部分称为光通量，即在波长 380 ～ 780 nm 的范围内辐射出的、并被人眼感觉到的辐射通量。光通量是表征光源发光能力的基本量，其单位为流明（lm），例如 100 W 普通白炽灯发出 1 250 lm 的光通量，40 W 日光色荧光灯约发出 2 400 lm 的光通量。光通量是描述光源基本特征的参数之一。

（二）发光强度

光通量只能说明光源的发光能力，并没有表示出光源所发出光通量在空间的分布情况。因此，仅知道光源的光通量是不够的，还必须了解表示光通量在空间分布状况的参数，即光通量的空间密度，称为发光强度。发光强度简称为光强，发光体在给定方向上的发光强度是该发光体在该方向上的立体角元内传输的光通量除以该立体角元所得之商，即单位立体角的光通量。发光强度的符号为 I，单位为坎德拉（cd）。

（三）照度

对于被照面而言，照度是指物体被照亮的程度，即光源照射在被照物体单位面积上的光通量，它表示被照面上的光通量密度。照度是以垂直面所接受的光通量为标准，若倾斜照射则照度下降。照度的计算方法有利用系数法、概算曲线法、比功率法和逐点计算法等。保证光环境的光量和光质量的基本条件是照度和亮度。其中照度的均匀度对光环境有着直接的影响，因为它对室内空间中人的行为、活动能产生实际效果，但是以创造光环境的气氛为主时，不应偏重于保持照度的均匀度。

（四）亮度

亮度是表示人对发光体或被照射物体表面的发光或反射光强度实际感受的物理量，亮度和光强这两个量在日常用语中往往被混淆使用。亮度实质上是将某一正在发射光线的表面的明亮程度定量表示出来的量。在光度单位中，亮度是唯一能引起眼睛视觉感的量，亮度的表示符号为 L，单位为尼特（nits）。虽然在光环境设计中经常用照度和照度分布（均匀度）来衡量光环境的优劣，但就视觉过程来说，眼睛并不直接接受照射在物体上的照度作用，而是通过物体的反射或透射，将一定亮度作用于人的眼睛。

二、视觉与光环境

视觉是通过视觉系统的外周感觉器官（眼）接受外界环境中一定波长范围内的电磁波刺激，经中枢有关部分进行编码加工和分析后获得的主观感觉。视觉是人体各种感觉中最重要的一种，据科学测试证明，大约有87%的外界信息是人依靠眼睛获得的，并且75%～90%的人体活动是由视觉引起的。视觉与触觉等其他感觉不同，后者是单独地感受一个物体的存在，而视觉所感知的是环境的大

部分或全部。

良好的光环境是保证视觉功能舒适、有效的基础。在一个良好的光环境中，人们可以不必通过意识的作用强行将注意力集中到所有要看的地方，能够不费力而清楚地看到所有搜索的信息，并与所要求和预期的情况相符合，背景中没有视觉"噪声"（不相关或混乱的视觉信号）干扰注意力。反之，人们就会感到注意力分散和不舒适，直接影响到劳动生产率和视力的健康。

（一）颜色对视觉和心理的影响

颜色同光一样，是构成光环境的要素，颜色问题涉及物理学、生理学、心理学等学科，较为复杂。颜色来源于光，不同的波长组成的光反映了不同的颜色，直接看到的光源的颜色称为表观色。光投射到物体上，物体对光源的光谱辐射有选择地反射或透射对人眼所产生的颜色，感觉称物体色，物体色由物体表面的光谱反射率或透射率和光源的光谱组成共同决定。若用白光照射某一表面，它吸收的白光包含绿光和蓝光，反射红光，这一表面就呈红色，若用蓝光照射同一表面，它将呈现黑色，因为光源中没有红光成分，反之，若用红光照射该表面，它将呈鲜艳的红色，这个例子充分说明，物体色决定于物体表面的光谱反射率。同时，光源的光谱组成对于显色也是至关重要的。

颜色是正常人一生中一种重要的感受。在工作和学习环境中，需要颜色不仅是因为它的魅力和美丽，还为个人提供正常情绪上的排遣。一个灰色或浅黄色的环境，几乎没有外观的感染力，它趋向于导致人在主观上的不安、内在的紧张和乏味。另一个方面，颜色也可以使人放松、激动和愉快。人的大部分心理上的烦恼都可以归于内心的精神活动，好的颜色刺激可给人的感官以一种振奋的作用，从而从恐怖和忧虑中解脱出来。

（二）视觉功效舒适光环境要素

1. 视觉功效

视觉功效是人借助视觉器官完成一定视觉作业的能力。通常用完成作业的速度和精度来评定视觉功效。除了人的因素外，在客观上，它既取决于作业对象的大小、形状、位置、作业细节与背景的亮度对比等作业本身固有的特性，也与照明密切相关。在一定范围内，随着照明的改善，视觉功效会有显著的提高。关于视觉功效的研究，通常在控制识别时间的条件下，对视角、照度和亮度对比同视觉功效之间进行实验研究，为制定合理的光环境设计标准提供视觉方面的依据。

2. 舒适光环境要素与评价标准

什么样的光环境能够满足视觉的要求，是确定设计标准的依据。良好光环境的基本要素可以通过使用者的意见和反映得到。为了建立人对光环境的主观评价与客观评价之间的对应关系，世界各国的科学工作者进行了大量的研究工作。通过大量视觉功效的心理物理实验，找出了评价光环境质量的客观标准，为制定光环境设计标准提供了依据。

三、建筑的天然采光

与人工照明相比，天然采光可以节省能源，削减建筑能耗峰值；太阳是一个取之不尽、用之不竭的绿色能源，最大限度地利用天然光，不但可以节省照明用电，还减少了环境污染；天然采光可以舒缓神经、舒畅心情，提高工作效率。据此，建筑光环境采光设计应当从两方面进行评价，即是否实现建筑节能和是否改善建筑内部环境的质量。

（一）天然光与人工光的视觉效果

利用电能做功，产生可见光的光源叫电光源。电光源的发明有力促进了电力装置的建设。电光源的转换效率高，电能供给稳定，控制和使用方便，安全可靠，并可方便地用仪表计数耗能，故在其问世后的一百多年中很快得到了普及，它不仅成为人类日常生活的必需品，而且在工业、农业、交通运输以及国防和科学研究中都发挥着重要作用。但是，单纯依赖电光源对于绿色建筑的节能，电光源的耗能巨大，不符合当今建筑节能的要求。

在人类的生产、生活与进化过程中，天然光是长期依赖的唯一光源，人的眼睛已习惯在天然光下观看物体，在天然光下比人工光下有更高的灵敏度，尤其在低照度下或观看小的物体时，这种视觉区别更加显著。充分利用天然光，节约照明用电，对我国实现可持续发展战略具有重要意义，同时具有巨大的生态效益、环境效益和社会效益。虽然天然采光有很多优点，但也存在一些不足之处，因此在运用中要注意天然光的控制与调节，以尽量克服由天然采光带来的不利影响。

（二）我国光气候的分区

在科学技术和经济发展等因素的影响下，人们对建筑采购节能设计的要求越来越高，同时，由于我国疆域面积辽阔，不同地区的气候特征和环境状况相差悬殊，因此以地域气候和环境为基础的建筑采光节能设计方式也会有所不同。从建

筑设计策略的角度研究不同的区域性气候特征，探讨适合地区的节能气候设计策略，对建筑节能具有重要的意义。

影响室外地面照度的气象因素主要有太阳高度角、云、日照率等。我国的地域辽阔，同一时刻南北方的太阳高度角相差很大。从日照率看来，由北和西北往东南方向逐渐减少，以四川盆地一带为最低。从云量看来，自北向南逐渐增多，以四川盆地最多；从云状看来，南方以低云为主，向北逐渐以高云和中云为主。以上这些均充分说明，南方以天空扩散光照度较大，北方以太阳直射光为主，并且南北方室外平均照度差异比较大。如果在采光设计中采用同一标准值，显然是不合理的。为此，在采光设计标准中将全国划分为五个光气候区，各地区取不同的室外临界照度值。这样，在保证一定室内照度的情况下，各地区有不同的采光系数标准。

（三）不同采光口形式及其对室内光环境的影响

与人工光相比，自然光是天然的绿色能源，有利于建筑物的节能，同时也有利于人的视觉健康。如何在建筑物的空间内合理地利用自然光，是建筑物光环境研究中的一个大课题，其中采光口的形式及其对室内光环境的影响是重要研究内容。

建筑物按照采光口所处的位置不同，可分为侧窗采光和天窗采光两类，最常见的采光口形式是侧窗，它可以用于任何有外墙的建筑物。但由于它的照射范围有限，所以一般只用于进深不大的房间采光。任何有屋顶的室内空间均可采用天窗采光，由于天窗位于屋顶部，在开窗形式、面积、位置等方面受到的限制比较少。如果同时采用侧窗采光和天窗采光方式时，则称为混合采光。

四、建筑的人工照明

照明就是利用各种光源照亮工作和生活场所或个别物体的措施。利用人工光源的称"人工照明"，照明的首要目的是创造良好的可见度和舒适愉快的环境。天然光虽然具有很多优点，但它的应用往往受到时间、地点和其他因素的限制。建筑物内不仅需要在白天进行采光，而且在夜间更需要采光，单纯采用天然采光是不能满足建筑物内采光要求的，因此必须采用人工照明。

（一）照明方式

1. 一般照明

在工作场所内不考虑特殊的局部需要，以照亮整个工作面为目的的照明方式称为一般照明方式。采用一般照明方式时，灯具均匀分布在被照面的上空，在工作面形成均匀的照度。

2. 分区一般照明

在同一房间内由于使用功能不同，各功能区所需要的照度值也不相同。采光设计时先对房间按使用功能进行分区，再对每一分区进行一般照明布置，这种照明方式称为分区一般照明。

3. 局部照明

为了实现某一指定点的高照度要求，在较小的范围或有限的空间内，采用距离观看对象近的灯具，来满足该点照明要求的照明方式称为局部照明。

4. 混合照明

工作面上的照度由一般照明和局部照明合成的照明方式，称为混合照明方式。为了保证工作面与周围环境的亮度比不致过大，获得较好的视觉舒适性，一般照明提供的照度占总照度的比例不能太小。

（二）人工光源

天然光源给予了我们美丽的白昼，而人工光源则丰富了我们浪漫的黑夜。现代人工光源体系是随着科学技术的发展而处于不断丰富、发展和演变之中。从早期的火光、烛光、油脂光源灯，到后来的白炽灯、荧光灯，以及现在的稀有气体光源（氙气、氖气等）和 LED 灯，都是科学技术发展的结果。我们相信，在未来的日子里人工光源体系还会不断地丰富和发展。

人工光源按其发光的机理不同，可分为热辐射光源和气体放电光源。热辐射光源是靠通电加热钨丝，使其处于炽热状态而发光；气体放电光源是靠放电产生的气体离子发光。

第二节　绿色照明的现行标准

绿色照明是美国国家环保局于 20 世纪 90 年代初提出的概念。完整的绿色照明内涵包含高效节能、环保、安全、舒适 4 项指标，不可或缺。高效节能意味着以消耗较少的电能获得足够的照明，从而明显减少电厂大气污染物的排放，达到环保的目的。安全、舒适指的是光照清晰、柔和及不产生紫外线、眩光等有害光照，不产生光污染。

一、绿色照明的基本内涵

国内外实施绿色照明的实践证明，真正的绿色照明是通过科学的照明设计，采用效率高、寿命长、安全可靠和性能稳定的照明电器产品（包括电光源、灯具、灯用电器附件、配线器材、调光控制设备、控光器件等），充分利用天然的光源，改善并提高人们工作、学习、生活条件和质量，从而创造一个高效、舒适、安全、经济、有益的光环境，并充分体现现代文明的照明系统。

（1）绿色照明工程要求人们不要局限于节能这一认识，要提高到节约能源、保护环境的高度，这样影响更广泛，更深远。绿色照明工程不只是个经济效益问题，更是一项着眼于资源利用和环境保护的重大课题。通过照明节电减少发电量，进而降低燃煤量（我国 70% 左右的发电量还是依赖燃煤获得），减少二氧化硫、氮氧化物等有害气体以及二氧化碳等温室气体的排放，有助于解决世界面临的环境与发展课题。

（2）绿色照明工程要求的照明节能，已经不完全是传统意义的节能，这在中国"绿色照明工程实施方案"宗旨中已经有清楚的描述，即满足照明质量和视觉环境条件的更高要求。因此，照明节能的实现不能靠降低照明标准，而是依靠充分运用现代科技手段，对照明工程设计水平、方位以及照明器材效率的提高。

（3）高效照明器材是照明节能的重要基础，但照明器材不只是光源，光源是首要因素，已经为人们认识。灯具和电气附件（如镇流器）的效率对于照明节能的影响也是不可忽视的，这点往往不为人们所注意，例如一台带漫射罩的灯具，或一台带格栅的直管形荧光灯具，高效优质产品比低质产品的效率可以高出50%～100%，足以见其节能效果，对于实施绿色照明要求起着一定的作用。此外，运行维护管理也有不可忽视的作用。

（4）实施绿色照明工程，不能简单地理解为提供高效节能照明器材。高效器材是重要的物质基础，但是还应有正确合理的照明工程设计。绿色照明工程设计是统管全局的，对能否实施绿色照明要求起着决定作用。

（5）高效光源是照明节能的首要因素，必须重视推广应用高效光源。但是有人把推广高效光源简单地理解为推广节能灯（而这里的节能灯是专指紧凑型荧光灯），这是很不全面的。因为光源种类很多，有不少高效者应予推广。就能量转换效率而言，有和紧凑型荧光灯光效相当的（如直管荧光灯），有比其光效更高的（如高压钠灯，金属卤化物灯），这些高效光源各有其特点和优点，各有其适用场所，绝非简单地用一类节能光源能代替的。根据应用场所条件不同，至少有三类高效光源应予推广使用。

（6）高效照明工具光导照明系统，由采光罩、光导管和漫射器三部分组成。其照明原理是通过采光罩高效采集室外自然光线，并导入系统内重新分配，经过特殊制作的光导管传输和强化后，由系统底部的漫射器把自然光均匀高效地照射到场馆内部，从而打破了"照明完全依靠电力"的观念。

二、绿色照明标准

（一）绿色照明产品能效标准

按照物理学的观点，能效是指在能源的利用中，发挥作用的能源量与实际消耗的能源量之比。从消费角度看，能效是指为终端用户提供的服务与所消耗的总能源量之比。所谓"提高能效"，是指用更少的能源投入提供同等的能源服务。现代意义的节约能源并不是减少使用能源，降低生活品质，而应该是提高能效，降低能源消耗，也就是"该用则用、能省则省"。

"能效"一词来源于国外，是"能源利用效率"的简称。能效与能耗是两个不同的概念。能效即能源利用效率，它反映了产品利用能源的效率质量特性，它评价的是单位能源所产生的输出或做功，是评价产品用能性能的一种较为科学的方法；能耗是指用能产品在使用时，对能源消耗量大小进行评价的指标。单位能耗是反映能源消费水平和节能降耗状况的主要指标，一次能源供应总量与国内生产总值的比率，是一个能源利用效率指标。该指标说明一个国家经济活动中对能源的利用程度，反映经济结构和能源利用效率的变化。

使用能效，可以更客观地反映产品的用能情况，利用它可以更科学地进行产品之间能源利用性能的对比。能效标准即能源利用效率标准，是对用能产品的能源利用效率水平或在一定时间内能源消耗水平进行规定的标准，能效标准具有较高的社会效益和经济效益，我国已颁布实施了多项用能产品的能效标准，涉及家用电器、照明器具和交通工具等。通过实施能效标准，可以不断提高家用电器的能源利用率，用较少的能源来维持或提高现有的生活水平和工作效率，同时有利于保护环境和保障国家能源供需的平衡。

在国际上，能效标准已成为许多国家能源宏观管理的政策手段。国家可以通过能效标准的制定、实施、修订，来调节社会节能总量或用能总量。我国能效标准中的能效限定值是强制性的，能效等级可能今后也会成为强制性的。其中能效限定值是国家允许产品的最低能效值，低于该值的产品则是属于国家明令淘汰的产品；能效等级是指在一种耗能产品的能效值分布范围内，根据若干个从高到低的能效值划分出不同的区域，每个能效值区域为一个能效等级。

（二）照明工程设计需满足标准要求

节约能源、保护环境、提高照明品质，这是实施绿色照明的宗旨。节约能源的前提是要满足人们正常的视觉需求，也就是要满足照明设计标准的要求，不应当一味地强调节能而降低照明的照度和质量等要求。

第三节　建筑采光与节能设计

建筑采光是指为获得良好的光照环境，节约能源，在建筑外围护结构上布置各种形式采光口而采取的措施。根据建筑功能和视觉工作的要求，选择合理的采光方式，确定采光口面积和窗口布置形式，创造良好的室内光环境是建筑采光的主要任务。关注建筑自然采光，不仅是让身居其中的人们更多地与自然亲近，更是从能源、健康等角度，实现可持续性建筑的一种重要方式。

从人类进化发展史来看，天然光环境是人类视觉中最舒适、最亲切、最健康、最易得的环境。天然光还是一种最清洁、最廉价的光源。利用天然光进行室内采光照明，不仅可以有益有室内环境，而且在天然光下人们在心理和生理上感到非常舒适，有利于人的心身健康，有利于提高视觉功效。实践证明，充分利用天然光照明，实际上是对自然资源的有效利用，是建筑节能的一个重要方面。现代节能建筑设计，就是要求设计师充分利用大自然赐给人类的天然光资源，降低照明所需要的安装、维护及能源消耗的费用。

一、采光的标准

（一）采光系数

根据现行国家标准《建筑采光设计标准》（GB 50033—2013）中的有关规定，采光系数应符合下列一般规定。

（1）建筑采光的标准应以采光系数 C 作为采光设计的数量指标。室内某一点的采光系数，可按下式计算：

$$C = E_n / E_W \times 100\% \qquad （9-1）$$

式中：E_n——在全阴天空漫射光照射下，室内给定平面上的某一点由天空漫射光所产生的照度；

E_W——在全阴天空漫射光照射下，与室内某一点照度同一时间、同一地点，在室外无遮挡水平面上由天空漫射光所产生的室外照度。

（2）采光系数标准值的选取应符合下列规定：

①侧面采光应取采光系数的最低值 C_{min}。

②顶部采光应取采光系数的平均值 C_{av}。

③对兼有侧面采光和顶部采光的房间，可将其简化为侧面采光区和顶部采光区，并分别取采光系数的最低值和采光系数的平均值。

（3）在采光设计中应选择采光性能好的窗作为建筑采光外窗，其透光折减系数 T_r 应大于 0.45。

（4）在建筑设计中应为擦窗和维修创造便利条件。

（二）采光质量

（1）顶部采光时，Ⅰ～Ⅳ级采光等级的采光均匀度不宜小于0.7。为保证采光均匀度不小于0.7的规定，相邻两天窗中线间的距离不宜大于工作面至天窗下沿高度的2倍。

（2）采光设计时应采取下列减小窗眩光的措施：

①作业区应减少或避免直射阳光；

②工作人员的视觉背景不宜为窗口；

③为降低窗亮度或减少天空视域，可采用室内外遮挡设施；

④窗结构的内表面或窗周围的内墙面，宜采用浅色饰面。

（3）对于办公、图书馆、学校等建筑的房间，其室内各表面的反射比应符合《建筑采光设计标准》（GB 50033—2013）中的规定。

（4）采光设计应注意光的方向性，避免对工作产生遮挡和不利的阴影，如对书写作业，天然光线应从左侧方向射入。

（5）当白天天然光线不足而需补充人工照明的场所，补充的人工照明光源宜选择接近天然光色温的高色温光源。

（6）需识别颜色的场所宜采用不改变天然光光色的采光材料。

（7）对于博物馆和美术馆建筑的天然采光设计，宜消除紫外辐射、限制天然光照度值和减少曝光时间。

（8）对具有镜面反射的观看目标，应防止产生反射眩光和映像。

二、采光的方法

在地下建筑工程中，目前先进的采光设计是提倡自然采光，自然采光不仅是为了满足照度和节约采光能耗的要求，更重要的是满足人们对自然阳光、空间方向感、昼夜交替、阴晴变化、季节气候等自然信息感知的心理要求。同时，在地下建筑中，自然采光可增加空间的开敞感，改善通风效果，并在视觉心理上大大减少地下空间所带来的封闭单调、方向不明、与世隔绝等负面影响。因此可以说，自然采光的设计对改善地下建筑环境具有多方面的作用，不仅局限于满足人的生理需求层次。地下建筑采光的方法可分为被动式采光法和主动式采光法两种。

（一）被动式自然采光法

被动式采光法是通过利用不同类型的建筑窗户进行采光的方法。被动式采光法主要取决于采光窗的种类，可归纳为侧窗和天窗。侧窗及高侧窗采光法主要用于半地下室地下空间、山坡上的台阶式地下建筑、覆土及窑洞式建筑侧墙采光及竖井侧窗采光等。天窗采光又称顶部采光，是在房间或大厅的顶部开窗将天然光引入室内。

1. 高侧窗采光法

即在半地下室高出地面部分（约占半地下室高的 1/3）的外墙上开设侧高窗以采光，或沿地下室外墙开设与地面相通的采光井，并朝向采光井开窗以获取自然光线。此种地下建筑自然采光形式适用于地下仓库、车库或某些业务办公等空间，此类空间通常附建于主体地面建筑，并且对自然采光在照度及视觉环境艺术上要求不高。

2. 天窗采光法

天窗采光又称顶部采光。它是在房间或大厅的顶部开窗，将自然光引入室内。这一种采光方法在工业建筑、公共建筑（如博展建筑和建筑的中庭采光）应用较多。由于应用场所不同，天窗的形式不一，可谓千变万化，难以统计。对于地下空间建筑采光法，根据不同的建筑功能，天窗形式主要有矩形天窗、锯齿形天窗、平天窗、横向天窗和下沉式（或称井式）天窗五种。

3. 天井式采光

天井式采光也称为院式采光。地下建筑围绕一个与地面相通的下沉式小庭院或天井布置，并朝向庭院天井开设大面积的玻璃门窗以摄取自然光线。下沉庭院式地下建筑面积和规模都不大，较适于中小型文化娱乐或教学等使用功能的要求。

4. 下沉式广场采光

下沉式广场采光常用于城市中面积较大的外部开敞空间（市中心广场、站前交通广场、大型建筑门前广场及绿化广场等），使地面的一部分"下沉"至自然地面标高以下，一般为 4 m 左右。下沉式广场使广场空间呈现正负、明暗、闹静、封敞等空间形态的变化。沿下沉式广场周边布置的地下建筑朝向下沉广场开设大面积玻璃采光门窗，或设通透的柱廊，使广场周边的地下空间与广场开敞的空间融为一体。

这样，即可使地下空间得到自然采光，同时由于人们通过下沉式广场进入地下空间，在很大程度上减少了地上、地下空间的差异感。采用下沉式广场的地下建筑多为购物、文娱、休闲、步行交通等多功能公共活动类型。

5. 地下中庭共享空间采光

地下中庭共享空间是由大型多层地下建筑综合体的各层、各相对独立的功能空间围合并垂直叠加而形成的直通地面的中庭空间，其顶部所覆盖的大型采光穹顶，一般由空间网架加上采光玻璃面构成，既能躲避风雨、烈日、严寒等恶劣气候的影响，又能使中庭空间充满阳光，并能使围绕中庭的地下空间在一定程度上摄取自然光线。

（二）主动式采光法

主动式采光法则是利用集光、传光和散光等装置与配套的控制系统将自然光传送到需要照明部位的采光方法。这种采光方法主要适用于地下建筑、无窗建筑、北向房间以及有特殊要求的空间。

在很多情况下，地下空间是完全隔绝的，因此无法利用侧窗和天窗采纳自然光，这就需要主动太阳光系统将自然光通过孔道、导管、光纤等传递到隔绝的地下空间中。主动太阳光系统的基本原理是根据季节、时间计算出太阳位置的变化（太阳高度角、方位角），采用定日镜跟踪系统作为阳光收集器，并采用高效率的光导系统将自然光送入深层地下空间需要光照的部位。目前已有的主动式自然采光方法主要有镜面反射采光法、利用导光管导光的采光法、光纤导光采光法、棱镜传光的采光法、光伏效应间接采光照明法5类。

1. 镜面反射采光法

所谓镜面反射采光法就是利用平面或曲面镜的反射面，将阳光经一次或多次反射，将光线送到室内需要照明的部位。

2. 利用导光管导光的采光法

用导光管导光的采光法的具体做法随系统设备形式、使用场所的不同而变化。整个系统由7部分组成，实际上可归纳为阳光采集、阳光传送和阳光照射3部分。

3. 光纤导光采光法

光纤导光采光法就是利用光纤将阳光传送到建筑室内需要采光部位的方法。光纤导光采光的设想早已提出，而在工程上大量应用则是近10多年的事。光纤导光采光的核心是导光纤维（简称光纤），在光学技术上又称光波导，是一种传导光的材料。

4. 棱镜传光的采光法

棱镜传光采光的主要原理是旋转两个平板棱镜，产生四次光的折射。受光面总是把直射光控制在垂直方向。这种控制机构的原理是当太阳方位角、高度角有变化时，使各平板棱镜在水平面上旋转。

5. 光伏效应间接采光照明法

光伏效应间接采光照明法（建成光伏采光照明法），就是利用太阳能电池的光电特性，先将光转化为电，而后将电再转化为光进行照明，而不是直接利用自然采光的照明方法。

第四节　照明系统的节能设计

根据实际调查，我国的公共建筑能耗中，照明能耗所占的比例很大。以北京市某大型商场为例，其用电量中，照明用电大约占 40%，电梯用电大约占 10%；而在美国商业建筑中，照明用电所占比例一般为 39% 左右；荷兰商业建筑的照明用电高达 55%。由此可见，建筑照明在能耗中占有很大比例，因此具有巨大的节能潜力。

20 世纪 70 年代发生石油危机后，当时照明节电的应急对策之一，就是采取降低照明水平的方法，即缩短照明时间和减少开灯。实践充分证明，采用以上措施是一种十分消极的办法，结果是导致劳动效率的下降和交通事故的增多。照明节能主要是通过采用高能效的照明产品，提高照明的质量，优化建筑照明设计等手段达到。

一、建筑照明设计的原则和内容

（一）建筑照明设计的基本原则

建筑照明设计的基本原则，就是通过优化设计达到"安全、适用、经济、美观"的目标，即在必须保证有足够的照明数量和质量的前提下，达到安全用电和照明节能。其具体的基本原则包括以下方面：

1. 安全

建筑照明设施一般多设置于人员较多的地方，因此建筑照明设计必须首先考虑到设施安装、使用、维修和检修方便，必须确保安全和运行可靠，防止火灾和电气事故的发生。

2. 适用

根据使用场所的实际情况，必须保证照明质量，满足规定的照明需要。灯具的类型、照度的高低、光色的强弱变化等，都必须与使用要求相一致。

3. 经济

在建筑照明设计实施中，要结合我国当前的电力供应、设备和材料方面的生产水平，尽量采用国内外先进的照明技术，实施绿色照明工程。

4. 美观

照明装置无论在室内还是室外，均应具有装饰和美化环境的作用。正确选择照明方式、光源种类和功率、灯具的型式及数量、光色与灯光控制器，以达到美的意境，烘托建筑环境的气氛，体现灯光与建筑的艺术美。

国际照明委员会根据一些发达国家在照明节能中的做法和特点，提出了以下九项照明节能原则。

（1）根据视觉工作需要，决定照度水平。

（2）制定满足照度要求的节能照明设计。

（3）在考虑显色性的基础上采用高效光源。

（4）采用不产生眩光的高效率灯具。

（5）室内表面采用高反射比的材料。

（6）照明和空调系统的热结合。

（7）设置不需要时能关灯的可变控制装置。

（8）将不产生眩光和差异的人工照明同天然采光的综合利用。

（9）定期清洁照明器具和室内表面，建立换灯维修制度。

（二）建筑照明设计的主要内容

根据建筑照明的特点和实际需要，建筑照明设计的主要内容包括以下方面。

（1）确定照明方式、种类和照度值。

（2）选择光源和灯具类，合理布置。

（3）计算照度，确定光源的安装功率。

（4）选择或设计灯光控制器，确定声控、光控、电控或综合控制。

（5）确定供电源、电压。

（6）选择配电网络形式。

（7）选择导线型号、截面和敷设方式。

（8）选择和布置配电箱、开关、熔断器和其他电气设备。

（9）绘制照明布置平面图，汇总安装容量，开列设备材料清单，编制工程预算和进行经济分析。

二、建筑照明节能的技术措施

（一）选择优质高效的节能光源

光源在照明系统节能中是一个非常重要的环节，采用高效长寿电光源是技术进步的趋势，也是实现照明节能的首要因素，更是工程中设计选用先进光源最容易实现的步骤。为了减少能源的浪费，在选择光源方面应遵循以下原则。

1. 要尽量减少能耗较大的白炽灯的使用量

由于白炽灯光效低、能耗大、寿命短，所以应尽量减少其使用量，在一些场所应禁止使用白炽灯，无特殊需要不应采用 150 W 以上的大功率白炽灯。如果确实需要白炽灯，宜采用光效较高的双螺旋白炽灯、充氮白炽灯、涂反射层白炽灯或小功率的高效卤钨灯。

2. 提倡使用细管荧光灯和紧凑型荧光灯

细管荧光灯具有结构简洁、节省原材料、体积小、质量轻、降低成本、节省能源、寿命更长以及易于实施等优点。紧凑型荧光灯在达到同样光输出的前提下，耗电为白炽灯的 1/4，现已成为家喻户晓的节能产品。

3. 积极地推广高压钠灯和金属卤化物灯

高压钠灯使用时发出金白色光，具有发光效率高、耗电少、寿命长、透雾能力强和不诱虫等优点。金属卤化物灯是在高压汞灯基础上添加各种金属卤化物制成的第三代光源，是一种接近日光色的节能新光源，具有发光效率高、显色性能好、寿命长等特点。这两种灯应用十分广泛，可应用于道路、高速公路、机场、码头、船坞、车站、广场、街道交汇处、工矿企业、公园、庭院照明及植物栽培。高显色高压钠灯主要应用于体育馆、展览厅、娱乐场、百货商店和宾馆等场所照明。

4. 有条件项目应推广应用新型高效光源

（1）电磁感应灯。电磁感应灯是继传统白炽灯、气体放电灯之后，在发光机理上有突破和创新的一种高科技光源，是集电子、电磁、真空等技术于一体的国际第四代节能环保型新光源，也是光源发展史上的一次重大革命。

（2）LED 光源。LED 光源也称为半导体照明光源，发光二极管为发光体的光源，是 21 世纪最具有发展前景的高技术领域之一。它具有高效、节能、安全、寿命长、易维护等显著特点，被认为是最有可能进入普通照明领域的一种新型绿色光源。

（二）采用高效率节能灯具及器件

（1）灯具的效率会直接影响照明的质量和能耗。在满足眩光限制的要求下，应选择直接型灯具，室内灯具的效率不宜低于 75%。应尽量少采用格栅式灯具和带保护罩的灯具，室外灯具的效率不宜低于 55%。

（2）根据使用场所的不同，采用配光合理的灯具，并应根据照明场所的功能和空间形状确定灯具的配光类型。如蝙蝠翼式配光灯具、块板式高效灯具、多平面反光镜定向射灯等。在确定工作位置时，可选用发光面积大、亮度低的双向蝙蝠翼式配光灯具。

（3）选用光通量维持率好的灯具。当光源或灯具积污时，其光通量可能降到正常光通量的 50% 以下，其反射率和透光率也会大大降低，为了保证光源的发光效果，应选用光通量维持率好的灯具。如反射面涂一氧化硅保护膜、防尘密封式灯具，反射器采用真空镀铝工艺，反射板蒸镀银反射材料和光学多层膜反射材料等。

（4）采用灯具利用系数高的灯具。利用系数就是工作面（或者是另外规定的参考平面上接受的光通量与光源发射的额定光通量之比，也就是灯具能使光源的流明值利用多少，因此利用系数是反映灯具性能的一个重要参数。所采用的灯具应使光尽量射到工作面上，以提高灯具的利用系数。

（5）为了对照明产生的热量加以控制和利用，可采用照明与空调一体化的灯具。夏天时灯具所产生的热量不进入室内，由空调系统带到室外可以减少夏季室内的制冷负荷；而冬天时使灯具产生的热量进入室内，以减少冬天空调的制热量，从而降低空调的用电量。

（6）优秀的灯具不仅有优美的外形、合理的结构、高品质的电器组件，还要有高效能的反射器，而这个高效能的反射器是最有技术含量的部件之一，也是最不容易被人拷贝的部件之一，它应该具有高反射性、良好的控光角度和反射出来的均匀度。灯具的反射器采用计算机辅助设计，使灯具的反射器设计更科学合理，将光充分地从反射器中反射出来，以提高灯具效率。

（7）选用电子镇流器。电子镇流器是镇流器的一种，是指采用电子技术驱动电光源，使之产生所需照明的电子设备。电子镇流器不仅具有启动电压低、噪声小、温升低、质量轻、无频闪等优点，而且比电感镇流器功耗降低 50% ～ 75%，节能效果非常显著。

（三）选用合理的照明方式

照明方式是指照明设备按其安装部位或光的分布而构成的基本制式。就安装部位而言，有一般照明（包括分区一般照明）、局部照明和混合照明等。按光的分布和照明效果可分为直接照明和间接照明。选择合理的照明方式，对改善照明质量、提高经济效益和节约能源等有重要作用，并且还关系到建筑装修的整体艺术效果。

一般照明是指不考虑局部的特殊需要，为照亮整个室内而采用的照明方式。一般照明由对称排列在顶棚上的若干照明灯具组成，室内可获得较好的亮度分布和照度均匀度，所采用的光源功率较大，而且有较高的照明效率。这种照明方式耗电大，布灯形式较呆板。

局部照明是指为满足室内某些部位的特殊需要，在一定范围内设置照明灯具的照明方式。通常将照明灯具装设在靠近工作面的上方。局部照明方式在局部范围内以较小的光源功率获得较高的照度，同时也易于调整和改变光的方向。局部照明方式常用于下述场合：局部需要有较高照度的，由于遮挡而使一般照明照射不到某些范围的，需要减小工作区内反射眩光的，为加强某方向光照以增强建筑物质感的。但在长时间持续工作的工作面上仅有局部照明容易引起视觉疲劳。

照明方式的选择应符合下列规定。

（1）当不适合装设局部照明或采用混合照明不合理时，宜采用一般照明。

（2）当某一工作区需要高于一般照明照度时，可采用分区一般照明。

（3）对于照度要求较高，工作位置密度不大，且单独装设一般照明不合理的场所，宜采用混合照明。

（4）在一个工作场所内不应只装设局部照明。

第五节　绿色照明系统效益分析

随着科学技术的发展和社会的进步，人们对居住条件和生活环境的要求不断提高，对照明产品的需求也逐年增长。与此同时，人们的能源节约和环境保护意识也在逐渐加强。绿色环保建筑照明系统的应用已经成为一种社会发展趋势，也是照明产业最亟待解决的问题。

在对绿色照明系统进行设计时，除了要对照明系统的组成和布置进行分析和比较外，还应对其经济效益情况进行分析和论证，以便选择既有高照明质量，又有很好的经济效益的高效照明方案，实现"节电、省钱、环保、健康"，使得社会效益和经济效益达到最佳。由此可见，对绿色照明系统进行经济效益分析是非常必要的。绿色照明经济效益的分析，应从全寿命周期的角度进行考虑，重点研究基于全寿命周期分析的寿命周期成本（LCC）方法在绿色照明工程经济分析中的应用。

一、寿命周期成本（LCC）方法概述

在当前各领域、各地区、各部门、各企业，坚持科学发展观，转变经济增长方式，发展循环经济，建设资源节约型、环境友好型社会的进程中，分析探讨寿命周期成本的基本内涵、评价理论方法及应用推广具有重要意义。

（一）寿命周期成本的定义

界定寿命周期成本概念的提出，源于美英国家有关部门关于有形资产设置费与维护费及其比例变化的调查结果。20世纪50年代，美国调查有形资产的维护费为其设置费的10倍以上，为有形资产预算费的25%以上。20世纪60年代，英国调查制造业一年维护费用高达5.5亿多英镑。上述事实表明，有形资产的建

设者（方）为减少投资而只想方设法减少有形资产设置成本，却大大增加了有形资产使用维护成本。

很显然，只考虑有形资产的做法，已不符合现代经济学的基本原理和可持续发展的基本思想。况且，有形资产的使用维护费用在其开发设计阶段就已基本确定了。正确而科学的观念和做法是不仅在开发设计阶段就考虑有形资产的使用维护问题，而且要将设置费用与维护费用综合起来加以权衡分析，即考虑有形资产的整个寿命周期成本。

因此，美国弗吉尼亚州立大学教授、美国后勤学会副会长 B.S. 布兰查德首先将寿命周期成本定义为：有形资产在其寿命周期内，包括开发研究费、制造安装费、运行维护费及报废回收费在内的总费用。之后，美国预算局、国防部相继界定了寿命周期成本的基本内涵和组成内容。英国为追求有形资产寿命周期成本的经济性，创立了设备综合工程学综合运用管理、财务、工程技术与其他措施，以使有形资产寿命周期成本最小化。日本设备工程师协会成立了寿命周期成本委员会，借鉴美英法，结合本国实际，界定寿命周期成本的基本含义与构成内容。

我国建设工程造价协会组织编写的工程造价工程师教材中也对寿命周期成本进行了界定。另外，也有学者将有形资产或产品策划开发、设计、制造等过程发生的，由生产者承担的成本称为狭义寿命周期成本，而把包括上述设置建设生产过程发生的成本与消费者购入后发生的使用维护成本，以及报废发生的成本在内的全寿命周期成本称为广义寿命周期成本。

广义 LCC 是从产品和工程项目生产、流通、交换、消费各环节组成的全过程与消费者角度而定义的，这一定义符合经济学基本原理，符合节约型社会根本宗旨，符合科学发展观基本思想，符合可持续发展基本要求。

（二）寿命周期成本的内容

从 LCC 方法定义的阐释中可以看出，该方法同样适用于绿色照明系统全寿命周期的成本核算。寿命周期包括初始化成本和未来成本，在工程寿命周期成本中，不仅包括资金意义上的成本，还应包括环境成本、社会成本等，其包括的具体内容为以下几种。

1. 初始化成本

初始化成本是在设施获得之前将要发生的成本，即建造成本，也就是我国所说的工程造价，包括资金投资成本、购买和安装成本。

2. 未来成本

从设施开始运营到设施拆除期间所发生的成本，包括能源成本、运行成本、维护和修理成本、替换成本、剩余值（任何专售和处置成本）。

3. 运行成本

运行成本是年度成本，去掉维护和修理成本，包括在设施运行过程中的成本。这些成本与建筑物的功能和保管服务有关。

4. 维护和修理成本

维护和修理成本之间有着明显的不同。维护成本是和设施维护有关的时间进度计划成本；修理成本是未曾预料到的支出，是为了延长建筑物的生命而不是替换这个系统所必需的。维护和修理成本应看做本年度成本计算。

5. 替换成本

替换成本是对要求维护一个设施的正常运行的主要建筑系统的部件可以预料的支出。替换成本是由于替换一个达到其使用寿命终点的建筑物系统或部件而产生的。

6. 剩余值

剩余值是一个系统在全寿命周期成本分析期末的纯价值。剩余值可以是正值，也可以是负值。不同的成本在系统全寿命周期的不同时间占有不同的比例，所以在绿色照明系统中应当运用更科学的方法计算全寿命周期内的经济成本。

二、绿色照明系统全寿命周期成本因素分析

照明系统的用电量由系统的总功率和系统的点亮时间有关，系统的总功率由光源和镇流器的功率以及光源的总数决定。年平均点灯时间需要根据照明系统的性质、设计场所的功能特征等因素决定。拆除成本包括系统拆除成本、废弃物处理成本，并扣除回收利用材料和构件的价值。

全寿命周期成本不仅包括以，上所述的货币成本，还包括环境成本和社会成本。环境成本是指工程产品系列在其全寿命周期内对于环境的潜在和显在的不利影响，照明系统对于环境的影响可能是正面的，也可能是负面的，前者表现为某种形式的收益，后者则体现为某种形式的成本。社会成本是指工程产品从项目构思、产品建成投入使用，直至报废不能再用全过程中对社会的不利影响。在绿色照明系统中，由于目前环境成本和社会成本很难进行量化，所以目前暂不考虑。

三、绿色照明系统寿命周期成本估价的目标

项目全寿命周期管理起源于英国人 A.Gordon 在 1964 年提出的"全寿命周期成本管理"理论。工程实践也充分证明，建筑物的前期决策、勘察设计、施工、使用维修乃至拆除各个阶段的管理相互关联而又相互制约，从而构成一个全寿命管理系统，为保证和延长建筑物的实际使用年限，必须根据其全寿命周期来进行成本估价和制定质量安全管理制度。

寿命周期成本估价在绿色照明系统中的主要应用是确定方案在寿命周期内的费用，并据此对设计方案进行评价和选择。借用英国皇家特许测量协会在《建筑的寿命周期成本估价》文献中对寿命周期成本估价的目标定义，绿色照明系统寿命周期成本估价的目标可定义为：使得投资选择权能够被更有效的估价；考虑所有成本而不只是初始化成本的影响；帮助整个照明系统和项目进行有效的管理。

将寿命周期成本估价的方法应用于绿色照明系统，有利于绿色照明工程可持续性的发展，有助于规划设计者对绿色照明系统经济性的认识，从全寿命周期成本的角度综合考虑投入和产出，从而有利于绿色照明工程的推广。

四、绿色照明系统的全寿命周期成本分析

寿命周期成本分析又称寿命周期成本评价，是为了使用户所用的系统具有经济的寿命周期成本，在系统的开发阶段将寿命成本作为设计参数，而对系统进行彻底的分析比较时做出的决策的方法。

绿色照明系统的全寿命周期成本指的是工程项目前期的决策、设计、投标、招标、施工、工程验收直到建筑的拆除阶段等过程中所发生的一系列成本，即建筑的研发费用、设备的安装费用、后期的运行维护费用以及拆除安置费用。按照建筑阶段的费用，绿色照明系统的全寿命周期成本包括工程的决策设计成本、照明系统的建筑成本、使用和维护成本以及回收和处理成本四大部分；如果从社会学角度来看，绿色照明系统的全寿命周期成本包括企业的付出成本，消费者的付出成本以及社会成本三个部分。

（一）绿色照明系统的决策设计成本

绿色照明系统的决策设计成本包括项目建议书的提出，对照明系统的布局选择、勘查和研究期间发生的费用。绿色照明系统决策设计阶段的准备对建筑整体

的影响非常大，不仅影响建筑的后续使用情况，还影响绿色照明系统在建设过程中的费用以及经济效益，决策设计阶段准备完善，就可以为整个项目节约资金。虽然照明系统的决策设计阶段所花费的成本在整个寿命周期中的成本比重不大，但是决策设计阶段影响其他阶段的成本。

（二）绿色照明系统的建筑成本

绿色照明系统的建筑成本即在建筑的施工过程中所发生的各项费用，包括物料的采购成本、照明系统设备的采购成本、人工工资成本、管理成本以及其他成本。施工过程是绿色照明系统最为重要的阶段，在本质上影响着照明系统的质量，施工阶段所花费的成本也是最高的，在照明系统施工阶段，会有物料的消耗、设备的消耗以及人工成本和税费的消耗。在这个阶段，国家政策、设备价格、物料的价格波动以及市场需求等，都影响着绿色照明系统的全寿命周期成本。

（三）绿色照明系统的使用和维护成本

绿色照明系统的使用和维护成本即绿色建筑在后期的使用过程中，居民需要付出的人力、物力和财力，包括照明系统中的设备维护成本、能源消耗成本等多方面。一般情况下，绿色照明系统的使用周期相对较长，其使用和维护成本在整个全寿命周期成本中占比较大。

（四）绿色照明系统的回收处理成本

当绿色照明系统在使用过程中达到使用年限后，就需要对其废弃的物料进行处理，这个过程中产生的费用就是绿色照明系统的回收处理成本。废弃物料处理手段不同，对环境以及社会产生的影响不同，所产生的成本也不同。

第十章
绿色建筑其他节能技术

第一节 太阳能的利用技术

一、太阳能的转换形式

太阳能是一种辐射能，最显著的特点是具有即时性，必须即时转换成其他形式能量才能利用和储存。将太阳能转换成不同形式的能量需要不同的能量转换器，集热器通过吸收面可以将太阳能转换成热能，利用光伏效应太阳电池可以将太阳能转换成电能，通过光合作用植物可以将太阳能转换成生物质能等。原则上，太阳能可以直接或间接转换成任何形式的能量，但转换次数越多，最终太阳能转换的效率便越低。

（一）太阳能—热能转换

黑色吸收面吸收太阳辐射，可以将太阳能转换成热能，其吸收性能好，但辐射热损失大，所以黑色吸收面不是理想的太阳能吸收面。选择性吸收面具有高的太阳吸收比和低的发射比，吸收太阳辐射的性能好，且辐射热损失小，是比较理想的太阳能吸收面。这种吸收面由选择性吸收材料制成，简称为选择性涂层。我国自 20 世纪 70 年代开始研制选择性涂层，取得了许多成果，并在太阳集热器上广泛使用，效果十分显著。

（二）太阳能—电能转换

电能是一种高品位能量，利用、传输和分配都比较方便。将太阳能转换为电能是大规模利用太阳能的重要技术基础，世界各国都十分重视，其转换途径很多，有光电直接转换，有光热电间接转换等。1941 年出现有关硅太阳电池报道，1954 年研制成效率达 6% 的单晶硅太阳电池，1958 年太阳电池应用于卫星供电。在 20 世纪 70 年代以前，由于太阳电池效率低，售价昂贵，主要应用在空间。20 世纪 70 年代以后，对太阳电池材料、结构和工艺进行了广泛研究，在提高效率和降低成本方面取得较大进展，地面应用规模逐渐扩大，但从大规模利用太阳能而言，与常规的发电相比，其成本仍然太高。

（三）太阳能—氢能转换

氢能是一种高品位能源。太阳能可以通过分解水或其他途径转换成氢能，即太阳能制氢，其主要方法如下：

1. 太阳能电解水制氢

电解水制氢是目前应用较广且比较成熟的方法，效率较高（75% ~ 85%），但耗电大，用常规电制氢，从能量利用角度而言得不偿失。所以，只有当太阳能发电的成本大幅度下降后，才能实现大规模电解水制氢。

2. 太阳能热分解水制氢

将水或水蒸气加热到 3 000 K 以上，水中的氢和氧便能分解。这种方法制氢效率高，但需要高倍聚光器才能获得如此高的温度，一般不采用这种方法制氢。

3. 太阳能光化学分解水制氢

这一制氢过程与上述热化学循环制氢有相似之处，在水中添加某种光敏物质作催化剂，增加对阳光中长波光能的吸收，利用光化学反应制氢。日本有人利用碘对光的敏感性，设计了一套包括光化学、热电反应的综合制氢流程，每小时可产氢 97 L，效率达 10% 左右。

（四）太阳能—生物质能转换

通过植物的光合作用，太阳能把二氧化碳和水合成有机物（生物质能）并放出氧气。光合作用是地球上最大规模转换太阳能的过程，现代人类所用燃料是远古和当今光合作用固定的太阳能，目前，光合作用机理尚不完全清楚，能量转换效率一般只有百分之几，今后对其机理的研究具有重大的理论意义和实际意义。

（五）太阳能—机械能转换

在 20 世纪初期，俄国物理学家实验证明光具有压力。20 世纪 20 年代，前苏联物理学家提出，利用在宇宙空间中巨大的太阳帆，在阳光的压力作用下可推动宇宙飞船前进，将太阳能直接转换成机械能。科学家估计，在未来的 10 ~ 20 年内，太阳帆设想可以实现。通常，太阳能转换为机械能，需要通过中间过程进行间接转换。

二、被动式太阳光利用

（一）被动式太阳能建筑及热利用技术

1. 被动式太阳能建筑发展概况

太阳能建筑是把太阳能的辐射热收集利用与建筑的能源消耗相结合的一种建筑类型。一般是通过建筑朝向的适宜布局、周围环境的合理利用、内部空间的优化组合和外部形体的适当处理等方式，对太阳能进行有效的集取、储存、转化和分配，这就是使用太阳能的过程。早期人类的建造活动中，就非常注重利用太阳辐射来控制、调节建筑的室内热环境，并且经历着由感性到理性、由低效到高效的历程。

2. 存在问题及发展前景

（1）太阳能建筑将得到普及。太阳能建筑集成已成为国际新的技术领域，将有无限广阔的前景。太阳能建筑不仅要求有高性能的太阳能部件，同时要求高效的功能材料和专用部件。如隔热材料、透光材料、储能材料、智能窗（变色玻璃）、透明隔热材料等，这些都是未来技术开发的内容。

（2）新型太阳能电池开发技术可望获得重大突破。光伏技术的发展，近期将以高效晶体硅电池为主，然后逐步过渡到薄膜太阳能电池和各种新型太阳能光电池的发展。薄膜太阳能电池以及各种新硅太阳能电池具有生产材料廉价、生产成本低等特点，随着研发投入的加大，必将促使其中一两种获得突破，正如专家断言，只要有一两种新型电池取得突破，就会使光电池局面得到极大的改善。

（3）太阳能光电制氢产业将得到大力发展。随着光电化学及光伏技术和各种半导体电极试验的发展，使得太阳能制氢成为氢能产业的最佳选择。氢能具有质量轻、热值高、爆发力强、品质纯净、储存便捷等许多优点。随着太阳能制氢技术的发展，用氢能取代烃类化合物能源将是本世纪的一个重要发展趋势。

（4）空间太阳能电站显示出良好的发展前景。随着人类航天技术以及微波输电技术的进一步发展，空间太阳能电站的设想可望得到实现。由于空间太阳能电站不受天气、气候条件的制约，其发展显示出美好的前景，是人类大规模利用太阳能的另一条有效途径。

（二）日照规律及其与建筑的关系

建筑日照是根据阳光直射原理和日照标准，研究日照和建筑的关系以及日照在建筑中的应用，是建筑光学中的重要课题。研究建筑日照的目的是充分利用阳光以满足室内光环境和卫生要求，同时防止室内过热。阳光可以满足建筑采光的需求；在幼儿园、疗养院、医院的病房和住宅中，充足的直射阳光还有杀菌和促进人体健康等作用，在冬季又可提高室内气温。太阳能建筑还要利用太阳能作为能源。

太阳日照规律是进行任何建筑设计时必须要考虑的环境因素之一。为使太阳能利用效率最大化的同时能够获得舒适的室内热环境，这就要求一方面合理地设置太阳能收集体系，使太阳能建筑在冬季尽可能多地接收到太阳辐射热，另一方面还应减少太阳在运行过程中对室内热环境稳定性产生的不利影响，控制建筑围护结构的热损失，这两方面相辅相成。

（三）被动式太阳能建筑的成功关键

被动式太阳能建筑是指不需要专门的集热器、热交换器、水泵或风机等主动式太阳能采暖系统中所必需的设备，侧重通过合理布置建筑方位，加强围护结构的保温隔热措施，控制材料的热工性能等方法，利用传导、对流、辐射等自然交换的方式，使建筑物尽可能多地吸收、储存、释放热量，以达到控制室内舒适度的建筑类型。相比较而言，被动式太阳能建筑使建筑师有着更加广阔的创作空间。

（四）太阳能建筑的设计原则

1. 合理的建筑平面设计

在进行平面设计时要考虑到建筑的采暖、降温、采光等多方面的要求。既要满足主要房间能在冬季直接获取太阳能量，又要实现夏季的自然通风降温，还要最大限度地利用自然采光，降低人工照明的能耗，改善住宅室内光环境，满足生理和心理上的健康需求。

2. 适宜的建筑体形设计

建筑平面形状凹凸，形体越复杂，建筑外表面积越大，能耗损失越多。同时也要注意在组团设计中，建筑形体与周边日照的关系，尽量实现冬季向阳、夏季遮阳的效果。

3. 热工性能良好的围护结构设计

加强建筑的保温隔热，这是现代建筑充分利用太阳能的前提条件，同时也有利于创造舒适健康的室内热环境。

三、太阳能光伏发电系统

（一）太阳能光伏发电系统

太阳能光伏发电是一种零排放的清洁能源，也是一种能够规模应用的现实能源，可用来进行独立发电和并网发电。以其转换效率高、无污染、不受地域限制、维护方便、使用寿命长等诸多优点，广泛应用于航天、通信、军事、交通，城市建设、民用设施等诸多领域。

太阳能光伏发电系统是利用太阳电池半导体材料的光伏效应，将太阳光辐射能直接转换为电能的一种新型发电系统，有独立运行和并网运行两种方式。独立运行的光伏发电系统需要有蓄电池作为储能装置，主要用于无电网的边远地区和人口分散地区，整个系统造价很高；在有公共电网的地区，光伏发电系统与电网连接并网运行，省去蓄电池，不仅可以大幅度降低造价，而且具有更高的发电效率和更好的环保性能。

（二）光伏发电系统的太阳电池组件产品

太阳能光伏发电系统是通过太阳电池吸收阳光，将太阳的光直接变成电能输出。但是单体太阳电池由于输出电压太低，输出电流不合适，其本身容易破碎、易被腐蚀、易受环境影响等原因，不能直接作为电源使用。作电源必须将若干单体电池串、并联连接和严密封装成组件。太阳能电池组件也称为太阳能电池板，不仅是太阳能发电系统中的核心部分，也是太阳能发电系统中最重要的部分，其作用是将太阳能转化为电能，或送往蓄电池中存储起来，或推动负载工作。太阳能电池组件的质量和成本将直接决定整个系统的质量和成本。

第二节　热泵节能技术

随着经济的发展和人们生活水平的提高，公共建筑和住宅的供暖和空调已经成为普遍的要求。中国传统供热的燃煤锅炉不仅能源利用率低，而且还会给大气造成严重的污染，因此在一些城市中燃煤锅炉在被逐步淘汰，而燃油、燃气锅炉则运行费用很高。地源热泵就是一种在技术上和经济上都具有较大优势的解决供热和空调的替代方式。

一、地源热泵技术概述

地源热泵是一种利用地下浅层地热资源既能供热又能制冷的高效节能环保型空调系统。地源热泵通过输入少量的高品位能源，即可实现能量从低温热源向高温热源的转移。在冬季，把土壤中的热量"取"出来，提高温度后供给室内用于采暖；在夏季，把室内的热量"取"出来释放到土壤中去，并且常年能保证地下温度的均衡。

（一）我国地源热泵的发展

在我国，地源热泵的应用起步较晚，但发展潜力十分巨大。《中国地源热泵行业发展可行性分析报告前瞻》显示，我国地源热泵行业近几年来发展迅速，各地的地源热泵项目不断增加，这不仅得益于我国丰富的地热资源、相关技术的不断完善，还得益于来自节能减排的压力。我国地源热泵经过几十年的发展已经具有很大的市场，生产地源热泵的厂家有一百多家，国外先进地源热泵技术也逐渐向国内引进，无论是在规模上还是在质量上，都在逐渐接近世界先进水平行列。同时，国内已有多家学术机构建立起土壤源热泵实验台，主要开展对地下换热器和地面热泵设备长期联合运行的研究。

（二）地源热泵技术的优点

1. 地源热泵技术属可再生能源利用技术

地源热泵是利用了地球表面浅层地热资源作为冷热源，进行能量转换的供暖空调系统。地表浅层地热资源被称为地能，是地表土壤、地下水或河流、湖泊中吸收太阳能、地热能而蕴藏的低温位热能。地表浅层是一个巨大的太阳能集热器，收集了47%的太阳能量，比人类每年利用能量的500倍还多。它不受地域、资源等限制，是真正量大面广、无处不在的能源。这种储存于地表浅层近乎无限的可再生能源，使得地能也成为清洁的可再生能源的一种形式。

2. 地源热泵是经济有效的节能技术

地能或地表浅层地热资源的温度一年四季相对稳定，冬季比环境空气温度高，夏季比环境空气温度低，是很好的热泵热源和空调冷源，这种温度特性使得地源热泵比传统空调系统运行效率要高40%，因此要节能和节省运行费用40%

左右。另外，地能温度较恒定的特性使得热泵机组运行更可靠、稳定，也保证了系统的高效性和经济性。

3. 地源热泵环境效益显著

地源热泵的污染物排放，与空气源热泵相比，相当于减少40%以上，与电供暖相比，相当于减少70%以上，如果结合其他节能措施节能减排会更明显。虽然也采用制冷剂，但比常规空调装置减少25%的充灌量；属自含式系统，即该装置能在工厂车间内事先整装密封好，因此，制冷剂泄漏概率大为减少。该装置的运行没有任何污染，可以建造在居民区内，没有燃烧和排烟，也没有废弃物，不需要堆放燃料废物的场地，且不用远距离输送热量。

4. 地源热泵一机多用，应用范围广

地源热泵系统可供暖、空调，还可供生活热水，一机多用，一套系统可以替换原来的锅炉加空调的两套装置或系统；可应用于宾馆、商场、办公楼、学校等建筑，更适合于别墅住宅的采暖、空调。

5. 地源热泵空调系统维护费用低

在同等条件下，采用地源热泵系统的建筑物能够减少维护费用。地源热泵非常耐用，它的机械运动部件非常少，所有的部件不是埋在地下便是安装在室内，从而避免了室外的恶劣气候，其地下部分可保证50年的使用寿命，地上部分可保证30年的使用寿命，因此地源热泵是免维护空调，节省了维护费用，使用户的投资在3年左右即可收回。此外，机组使用寿命长，均在15年以上；机组紧凑、节省空间；自动控制程度高，可无人值守。

二、地源热泵系统的分类

地源热泵供热空调系统利用浅层地热能资源作为热泵的冷热源，按与浅层地热能的换热方式不同分为地埋管换热、地下水换热和地表水换热三类；三种地源利用方式对应的热泵名称分别为土壤源热泵、地下水源热泵、地表水源热泵。

（一）土壤源热泵

土壤源热泵是利用地下常温土壤温度相对稳定的特性，通过深埋于建筑物周围的管路系统与建筑物内部完成热交换的装置。冬季从土壤中取热，向建筑物供暖；夏季向土壤排热，为建筑物制冷。它以土壤作为热源、冷源，通过高效热泵机组向建筑物供热或供冷，从而实现系统与大地之间的换热。

土壤源热泵技术是利用地球表面浅层地热资源作为冷热源进行能量转换，而地表浅层是一个巨大的太阳能集热器，大约收集了 47% 的太阳能，相当于人类每年利用能量的 500 多倍。这是储存于地表浅层近乎无限的可再生能源，也是种清洁能源。土壤源热泵系统既保持了地下水源热泵利用大地作为冷热源的优点，同时又不需要抽取地下水作为传热的介质，保护了地下水环境不受破坏，是一种可持续发展的建筑节能新技术。

（二）地下水源热泵

地下水源热泵系统以地下水作为热泵机组的低温热源，因此需要有丰富和稳定的地下水资源作为先决条件。地下水源热泵系统的经济性和地下水层的深度有很大的关系。如果地下水位较深，不仅打井的费用较高，而且运行中水泵耗电量增加，将大大降低系统的效率。地下水资源是紧缺的、宝贵的资源，对地下水资源的浪费或污染是不允许的。因此，地下水源热泵系统必须采取可靠的回灌措施，确保置换冷量或热量的地下水 100% 回灌到原来含水层。

（三）地表水源热泵

地表水指的是暴露在地表上面的江、湖、河、海等水体的总称，在地表水源热泵系统中使用的地表水源主要是指流经城市的江河水、城市附近的湖泊水和沿海城市的海水。地表水源热泵就是以这些地表水为热泵装置的热源，夏季以地表水源作为冷却水使用向建筑物供冷的能源系统，冬天从中取热向建筑物供热。简单地说，地表水水源热泵是一种典型的使用从水井或河流中抽取的水为热源的热泵系统。

三、地源热泵应用注意事项

（一）土壤源热泵应用存在的问题

（1）如果按照单位延米换热量进行系统设计，测试过程模拟土壤源热泵系统的工况条件没有统一标准。

（2）在某一特定工况条件下，测试所得的单位延米换热量的数据如何进行修正，使其与设计工况对应。

（3）实测过程中测试仪器的制热及制冷功率、地埋管换热器内的水流速度等参数，测试仪表的准确度等均没有统一规定。

（二）地表水源热泵应用存在的问题

（1）结垢、腐蚀与微生物大量繁殖的问题。为实现水质较差的地表水源热泵的应用，只能对地表水做粗效预处理，以解决污物对流通断面的阻塞问题。

（2）水处理不当，引发二次污染。自然水体一般都含有各种各样的杂质，这些水源在进入热泵系统前要进行处理。

（3）安装管理不当，损坏换热盘管。地表水源热泵闭式系统主要的换热装置是浸在水中的换热盘管。这些换热盘管如果放置在公共水域中，很容易遭到人为的破坏，导致盘管变形或破裂。

（三）地下水源热泵应用存在的问题

（1）回灌阻基问题。地下水属于一种地质资源，如无可靠的回灌，将会引发严重的后果。地下水大量开采引起的地面沉降、地裂缝、地面塌陷等地质问题日渐显著。

（2）腐蚀与水质问题。腐蚀和生锈是早期地下水源热泵遇到的普遍问题之一。地下水的水质是引起腐蚀的根源因素。因此，国内学者对地下水的水质问题进行了分析，对地下水水质的基本要求是：澄清、水质稳定、不腐蚀、不滋生微生物或生物、不结垢等。地下水对水源热泵机组的有害成分有铁、锰、钙、镁、二氧化碳、溶解氧、氯离子等。当潜水泵采取双位控制时，应加设止回阀，以免停泵时水倒空，氧气进入系统腐蚀设备，一般不推荐采用化学处理，一是费用昂贵，二是会改变地下水水质。

（3）系统的运行管理。运行管理是任何一个暖通空调系统的重要组成部分，对于地下水源热泵这种特殊系统更是关键因素。在系统验收调试完成，交付使用前，应对运行管理人员进行培训。培训内容应该包括系统的运行原理，各种实际运行中可能出现的工况和操作办法。

第三节　风能利用技术

一、风能利用的主要形式

地球上风能储量非常巨大，理论上仅 1% 的风能就能满足人类能源的需要。风能利用主要是将大气运动时所具有的动能转化为其他形式的能，其具体用途包括风力发电、风力提水、风力致热等，其中风力发电是风能利用的最重要形式。

（一）风力发电

风力发电以风力作为动力，带动发电机将风能转化为电能。利用风力发电的尝试，早在 20 世纪 30 年代，丹麦、瑞典、苏联和美国应用航空工业的旋翼技术，成功地研制了一些小型风力发电装置。这种小型风力发电机，广泛在多风的海岛和偏僻的乡村使用，它所获得的电力成本比小型内燃机的发电成本低得多。

风力发电是目前使用最多的形式，根据我国的基本国情，今后风力发电的发展趋势是：一是功率由小变大，陆地上使用的单机发电量已达 2 MW；二是由原来一户一台扩大到联网供电；三是由单一的风电发展到多能互补，即"风力光伏"互补和"风力机 – 柴油机"互补等。

（二）风力提水

风力提水是人类利用风能的主要方式之一，在解决农牧业灌排、边远地区的人畜饮水以及沿海养鱼、制盐等方面都不失为一种简单、可靠、有效的实用技术。开发和应用风力提水技术对于节省常规能源、解决广大农牧区的动力短缺、改善我国的生态环境都有重要的现实意义。根据提水方式不同，风力提水机可分为风力直接提水和风力发电提水两大类。按使用技术指标，可分为低扬程大流量型、中扬程大流量型、高扬程小流量型 3 种类型。

1. 低扬程大流量风力提水机组

由低速或中速风力机与钢管链式水车或螺旋泵相匹配的一类提水机组。它可以提取河水、海水等地表水，用于盐场制盐、农田排灌、水产养殖等作业。机组扬程为 0.5～3 m，流量可达 50～100 m³/h。风力提水机的风轮直径 5～7 m，风轮轴的动力通过两对锥齿轮传递给水车或螺旋泵，从而带动水车或水泵提水。此类风力机的风轮能够自动迎风，一般采用侧翼－配重滑速机构进行自动调整。

2. 中扬程大流量风力提水机组

由高速桨叶匹配容积式水泵组成的提水机组，风轮直径 5～6 m，扬程 10～20 m，流量 15～25 m³/h。用于提取地下水，进行农田灌溉或人工草场灌溉。一般均为流线型升力桨叶风力机，性能先进，适用性强。

3. 高扬程小流量风力提水机组

由低速多叶式风力机与单作用或双作用活塞式水泵相匹配形成的提水机组，风轮直径 2～6 m，扬程 10～100 m，流量 0.5～5 m³/h。可以提取深井地下水，在我国西北部、北部草原牧区为人畜提供饮用水或为小面积草场提供灌溉用水。此类风力机的风轮能够自动对风，并采用风轮偏置－尾翼挂接轴倾斜的方法进行自动调速。风力提水系统主要由水泵、风力提水机、控制室、蓄水与输配水系统、用水终端等组成。

（三）风力致热

风力致热主要是机械变热。风力致热有液体搅拌致热、固体摩擦致热、挤压液体致热和涡电流法致热 4 种。目前，风力致热进入实用阶段，主要用于浴室、住房、花房、家禽、牲畜用房等的供热采暖。一般风力致热的效率可达 40%，而风力提水和风力发电的效率只有 15%～30%。

把风能直接转换成热能的装置称为风力致热器。风力致热器分为两大类：一类是风能直接转换为热能的直接致热式；另一类是风能转换为电能，再转换为热能的间接致热式。属于直接致热方式的有固体摩擦式、搅拌液体式、油压阻尼式、压缩空气式等；属于间接致热方式的有热电阻式、涡电流式、电解水式以及烧氢取热等。

二、风电建筑一体化

我国城乡建筑物数以亿计，大部分均可实施风力发电，其发展空间非常广阔。然而，不是任何风力发电装置都能实施于建筑物的顶部，它必须同时具备：外形能够与建筑物完美协调、对风资源要求低、无噪声污染、无安全隐患等多项条件。而目前问世的各种风力发电装置都不能同时具备上述条件。所以，风电建筑一体化的设想至今尚未得到推广运用。已获国家专利保护的"聚风导流式风力发电装置"将垂直轴风机设置在聚风塔的内部，外形美观、无噪声、无安全隐患、有效发电时间长，是风电建筑一体化的最佳选择，同时也是推广普及风力发电的最佳途径。聚风导流式风力发电装置具有如下特点：

（1）聚风导流塔能够将任意方向的自然风按需要的角度导入塔内，气流由聚风塔的顶部排出，不会对风机产生逆向阻力，因而风机叶片能够以最佳角度获取最大风能。

（2）每一个风机叶片在每一周运转过程中，都能接收到 128° 有效气流的冲击，是普通垂直轴风机的 3 倍。

（3）实现风电与建筑一体化。聚风导流式风力发电装置从外观上看就是完美的观赏塔，与任何建筑物结合在一起都能做到协调美观。

（4）发展空间大、实施范围广。聚风导流式风力发电技术，可设计生产从微型、小型、中型、大型到超大型一系列不同功率的发电机组，以满足不同场所和不同用途的需要。

（5）实施风光互补方便。在聚风塔的顶部可以直接安装太阳能板，不需要再另外设置支架，这样非常便于实施风力与光伏的互补。

参考文献

[1] 齐康、杨维菊 . 绿色建筑设计与技术 [M]. 南京：东南大学出版社，2011.

[2]《绿色建筑》教材编写组 . 绿色建筑 [M]. 北京：中国计划出版社，2008.

[3] 李百战 . 绿色建筑概论 [M]. 北京：化学工业出版社，2007.

[4] 林宪德 . 绿色建筑（第 2 版）[M]. 北京：中国建筑工业出版社，2011.

[5] 宗敏 . 绿色建筑设计原理 [M]. 北京：中国建筑工业出版社，2010.

[6] 徐艳芳，孙勇 . 绿色建筑规划设计与实例 [M]. 北京：化学工业出版社，2014.

[7] 中国城市科学研究会 . 绿色建筑（2012）[M]. 北京：中国建筑工业出版社，
2012.

[8] 中国城市科学研究会 . 绿色建筑（2011）[M]. 北京：中国建筑工业出版社，
2011.

[9] 中国城市科学研究会 . 绿色建筑（2010）[M]. 北京：中国建筑工业出版社，
2010.

[10]周浩明，张晓东 . 生态建筑：面向未来的建筑 [M]. 南京：东南大学出版社，
2002.

[11]杨丽 . 绿色建筑设计——建筑节能 [M]. 上海：同济大学出版社，2016.

[12]杨培志 . 绿色建筑节能设计 [M]. 长沙：中南大学出版社，2018.

[13]王永祥，章雪儿 . 建筑节能工程施工 [M]. 南昌：江西科学技术出版社，2009.

[14]于慧利，王东升 . 建筑节能 [M]. 徐州：中国矿业大学出版社，2008.

[15]王瑞 . 建筑节能设计 [M]. 武汉：华中科技大学出版社，2015.

[16]沈鑫，陈旭，丛玲玲 . 绿色建筑与节能工程 [M]. 长春：吉林科学技术出版社，
2017.

[17]刘经强，刘乾宇，刘岗 . 绿色建筑节能工程设计 [M]. 北京：化学工业出版社，

2018.

[18]李继业，蔺菊玲，李明雷.绿色建筑节能工程施工[M].北京：化学工业出版社，2018.

[19]李继业，陈树林，刘秉禄.绿色建筑节能设计[M].北京：化学工业出版社，2016.

[20]白润波，孙勇.绿色建筑节能技术与实例[M].北京：化学工业出版社，2012.

[21]周智勇，王志浩.建筑节能与绿色建筑设计与技术[M].北京：知识产权出版社，2014.

[22]刘存刚，彭峰，郭丽娟.绿色建筑理念下的建筑节能研究[M].长春：吉林教育出版社，2020.